数据处理与技术

主 编 张振国

副主编 鲁立江 朱 程

参 编 薄振华 何静涛

合肥工业大学出版社

前　　言

随着数据库技术的飞速发展,新技术、新知识层出不穷,一本教材的内容不可能一成不变,也不可能包罗万象。

在编写本书的过程中,作者深入调查了目前许多高校讲授数据库课程的详细情况,同时参阅和借鉴了国内外许多优秀教材的优点,并进一步吸取教学过程中的体会和经验。本书具有以下特点:

(1)更加符合初学者的认识规律,进一步提高了概念讲解的准确性,内容讲解循序渐进,深入浅出,易于读者学习和掌握。

(2)紧跟业界相关技术的发展动态,增加了大数据相关概念、技术及应用领域的讲解。

(3)在部分章节后面增加了有关的习题和实验,方便任课教师组织相关实验供学生练习。

(4)对例题进行精心设计,将所学内容和相关知识点融入相应例题中,使读者能进一步加深对知识点的理解和掌握。

(5)采用较新的 SQL Server 2012 数据库管理系统平台,扩充了相关的高级应用知识,使读者能够很容易学会利用 SQL Server 2012 进行数据库的创建、使用、维护和管理工作,真正做到学以致用。

全书内容相互衔接,成为一个逻辑整体。为方便读者学习和教师授课,本书还提供了习题答案。

本书内容全面,深入浅出,概念明确,条理清晰,不仅适合课堂教学,也适合读者自学。作为教材,建议总学时为 90 学时,其中主讲学时为 36 学时,实验学时为 36 学时,校内实训为 18 学时。

本书共有 9 章,各章编写分工如下:

本书由安徽科技学院张振国担任主编,鲁立江、朱程担任副主编,其中张振国进行了全书的统稿工作,并编写了第 1 章。第 2 章由鲁立江编写,第 3～5 章由张振国、何静涛编写,第 6~8 章以及各章节答案由鲁立江、朱程编写,第 9 章由薄振华编写。

　　由于时间仓促和水平有限,书中不足之处在所难免,敬请各位读者批评指正。

编　者

2022 年 6 月

目　　录

第1章　数据库基础概述

数据库(Database,DB)技术是数据管理的最新技术,是计算机科学技术中发展较快的领域之一,也是应用较广的技术之一,它是专门研究如何科学地组织和存储数据,如何高效地获取和处理数据的技术。数据库技术已成为各行各业存储数据、管理信息、共享资源和决策支持的最先进、最常用的技术。因此,数据库课程不仅是计算机科学与技术专业、信息管理与信息系统专业的必修课程,也是许多非计算机专业的必修课程。

学习本章后,读者应了解数据库的发展阶段及各阶段的主要特点,掌握数据库的基本概念、数据库系统的组成及各部分的主要功能,重点掌握数据库的二级映像及数据库中实体、属性和实体之间的联系种类,了解表示数据的 4 种模型及特征。

1.1　数据管理发展概况

从世界上第一台计算机诞生以来,数据管理经历了从较为低级的人工管理到先进的数据库、数据仓库、数据挖掘的演变。

1.1.1　数据及数据处理

数据是描述事物的符号记录,如"黄山""95"。也可以说,数据是存储在某一种媒体上能够识别的物理符号。数据不仅可以包括数字、字母、文字和其他特殊字符组成的文本形式,还可以包括图像、图形、影像、声音、动画等多媒体形式等,它们经过数字化后可以存入计算机。

数据处理是把数据加工处理成为信息的过程。信息是数据根据需要进行加工处理后得到的结果。信息对于数据接收者来说是有意义的。例如,"黄山""95"只是单纯的数据,没有具体意义,而"黄山同学本学期英语期末考试成绩为 95 分"就是一条有意义的信息,此外,"旅游景点黄山的儿童票门票费是每人 95 元"也是一条有意义的信息。

1.1.2 人工管理

20世纪50年代中期以前,计算机的主要应用是进行科学计算。当时硬件方面,外存只有纸带、卡片和磁带,没有直接进行存取的设备,在计算时将数据输入,计算完成后数据不保存。软件方面,没有操作系统,没有管理数据的专门软件,其主要的处理方式是批处理。

在该阶段,每个应用程序需要设计、说明和管理数据。数据的共享性和独立性比较差,数据的逻辑结构或物理结构发生变化后,必须对应用程序做出相应的修改,这加重了程序员的负担。

1.1.3 文件系统

20世纪50年代后期到60年代中期,计算机的硬件方面已经有了磁盘、磁鼓等直接存储设备,数据以文件的形式长期保存。软件方面,操作系统中已经有了专门的数据管理软件,一般称为文件系统。数据处理方式上不仅有了批处理,还能够联机实时处理。这时,计算机不仅用于科学计算,也已大量用于数据处理。

在文件系统阶段,利用"按文件名访问,按记录进行存取"的管理技术,对文件中的数据进行修改、插入和删除操作。应用程序和数据之间有了一定的独立性,程序员不必过多地考虑细节,大大节省了维护程序的工作量。但是,文件系统中的文件仍然是面向应用的。当不同的应用程序具有部分相同的数据时,不能共享相同的数据,因此数据的冗余度大,浪费存储空间,而且容易造成数据的不一致性,给数据的修改和维护带来困难。另外,数据独立性差,文件之间是孤立的,系统不容易扩充。

文件中只存储数据,不存储文件记录的结构描述信息。文件的建立、存取、查询、插入、删除、修改等操作都要用程序来实现。

1.1.4 数据库系统

20世纪60年代末以来,随着大容量磁盘的出现,硬件价格不断下降,软件价格不断上升,编制和维护系统软件和应用程序的成本不断增加。同时,对实时处理的要求越来越多,以文件系统作为数据管理手段已经不能满足应用的需求,于是出现了新的数据管理技术——数据库技术,也出现了统一管理数据的专门软件系统——数据库管理系统(Database Management System,DBMS)。

在数据库系统中,所有相关的数据都存储在一个称为数据库的集合中,作为一个整体定义。由于数据是统一管理的,因此可以从全局出发,合理组织数据,避免数据冗余。另外,在数据库中,程序与数据相互独立,数据通过数据库管理系统而不是应用程序来操作和管理，应用程序不再处理文件和记录的格式。

应用程序与数据库的关系通过数据库管理系统来实现，如图 1-1 所示。

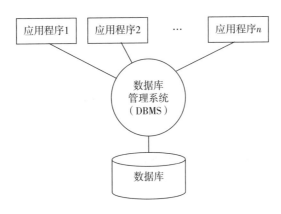

图 1-1　应用程序与数据库的关系

数据库系统的特点：数据整体结构化；数据共享性高，冗余度低，易扩展；数据独立性高；数据由数据库管理系统统一管理。

1.1.5　分布式数据库系统

分布式数据库是数据库技术与网络技术相结合的产物。分布计算主要体现在客户机/服务器模式和分布式数据库体系结构两个方面。

分布式数据库在逻辑上是一个统一的整体，分别存储在不同的物理节点上。一个应用程序通过网络的连接可以访问分布在不同位置的数据库，它的分布性表现在数据库中的数据不是存储在同一场地。更确切地说，是不存储在同一计算机的存储设备上。这就是分布式数据库与集中式数据库的区别。从用户的角度看，分布式数据库系统在逻辑上和集中式数据库系统一样，用户可以在任何一个场地执行全局应用。就好像那些数据存储在同一台计算机上，由单个数据库管理系统管理一样，用户并没有什么不一样的感觉。

分布式数据库系统是在集中式数据库系统的基础上发展起来的，是计算机技术和网络技术结合的产物。分布式数据库系统适合单位分散的部门，允许各个部门将其常用的数据存储在本地，实行就地存放、本地使用，从而提高响应速度，降低通信费用。分布式数据库系统与集中式数据库系统相比具有可扩展性，通过增加适当的数据冗余，可提高系统的可靠性。在集中式数据库中，尽量减少冗余度是系统目标之一。其原因是，冗余数据浪费存储空间，而且容易造成各副本之间的不一致性，而为了保证数据的一致性，系统要付出一定的维护代价。减少冗余度的目标是通过数据共享来达到的，而在分布式数据库中却希望增加冗余数据，在不同的场地存储同一数据的多个副本。其原因如下：①提高系统的可靠性、可用性。当某一场地出现故障时，系统可以对另一场地上的相同副本进行操作，不会因一处故障而造成整个系统的瘫痪。②提高系统性能。系统可以根据距离选择离用户最近的数据副本进行操作，减少通信代价，改善整个系统的性能。

1.1.6　面向对象数据库系统

面向对象数据库系统是面向对象的程序设计技术与数据库技术相结合的产物。面向对象数据库系统的主要特点是具有面向对象技术的封装性和继承性，提高了软件的可重用性。

面向对象数据库系统包括关系数据库管理系统的全部功能，只是在面向对象环境中增加了一些新内容，其中有一些是关系数据库管理系统所没有的。

1.1.7　数据仓库

数据仓库是支持管理决策过程的、面向主题的、集成的、稳定的、随时间变化的数据集合，是为企业所有级别的决策制定过程提供所有类型数据支持的战略集合。数据仓库是出于分析性报告和决策支持目的而创建的，为需要业务智能的企业提供指导业务流程改进、监视时间、成本、质量及控制等。

1.1.8　数据挖掘

数据挖掘(Data Mining)又称为数据库中的知识发现，是一个从数据库中获取有效的、新颖的、潜在有用的、最终可理解的模式(注：模式又称为知识)的复杂过程。

数据挖掘一般是指从大量的数据中自动搜索隐藏于其中的有着特殊关系性(属于 Association Rule Learning)的信息的过程。数据挖掘通常与计算机科学有关，并通过统计、在线分析处理、情报检索、机器学习、专家系统(依靠过去的经验法则)和模式识别等诸多方法来实现上述目标。

1.1.9　大数据

大数据(Big Data)，或称巨量数据、海量数据、大资料，指的是所涉及的数据量规模巨大到无法通过人工在合理时间内截取、管理、处理并整理成为人类所能解读的信息。一般认为，大数据具有"4V"的特点：Volume(量大)、Variety(多样性)、Velocity(速度快)、Value(价值)。

大数据通常具有形式多元、数据庞大的特征，且往往具有实时性。在企业对企业销售的情况下，这些数据可能来自社交网络、电子商务网站、顾客来访纪录等。这些数据并非公司顾客关系管理数据库的常态数据组。

1.2　数据库系统简述

1.2.1　数据库

数据库是长期存储在计算机内有组织的、可共享的、统一管理的相关数据的集合,简单理解就是"存放数据的仓库"。数据库中的数据按一定的数据模型进行组织、描述和存储,具有较小的冗余度、较高的数据独立性和易扩展性。

数据库中的数据不只是面向某一种特定的应用,而是可以面向多种应用,可以被多个用户、多个应用程序所共享。例如,图书管理数据库、财务管理数据库、学生管理数据库。

数据库具有如下特点:

(1)数据集中管理,实现了数据共享,减少了数据冗余度。

(2)数据库不仅能表示数据本身,还能表示数据与数据之间的联系。

(3)数据独立性高。

1.2.2　数据库管理系统

数据库管理系统位于应用程序和操作系统之间,是一种操纵和管理数据库的大型软件,用于建立、使用和维护数据库。任何数据操作都是在数据库管理系统管理下进行的,数据库管理系统对数据库进行统一的管理和控制,以保证数据库的安全性和完整性。数据库管理系统是数据库系统的核心。

用户不能直接接触数据库,而只能通过数据库管理系统来操作数据库。

数据库管理系统的功能如下。

1. 数据定义功能

数据库管理系统提供了数据定义语言(Data Description Language,DDL)供用户定义数据库的结构、数据之间的联系等。借助数据库管理系统提供的数据定义语言,可对数据库中的数据对象进行定义。

数据定义包括定义模式、存储模式和外模式,这些模式定义了外模式与模式之间的映射、存储模式与模式之间的映射、数据组织和存储等。

为了提高数据的存取效率,数据库管理系统要分类组织、存储和管理各种数据。数据库中的数据包括数据字典、用户数据和存取路径等。数据库管理系统要确定组织数据的文件结构和存取方式以及实现数据之间的联系。数据存储和组织的基本目标是提高存储空间利用率,提高存取效率。

2. 数据操纵功能

数据库管理系统提供了数据操纵语言(Data Manipulation Language,DML)来完成用户对数据库提出的各种操作要求,以实现对数据库的插入、删除、修改、查询等基本操作。

3. 数据控制功能

数据库管理系统提供了数据控制语言(Data Control Language,DCL),负责数据完整性、安全性的定义与检查及并发控制功能。

4. 数据库维护功能

数据库管理系统还可以对已经建立好的数据库进行维护,包括数据库初始数据装载转换、数据库转储、介质故障恢复、数据库的重组织、性能监视分析等。为了提高处理的效率,数据库管理系统提供了多种维护工具软件。

5. 数据库通信功能

数据库通信功能主要指数据库管理系统与网络中其他软件系统的通信、两个数据库管理系统的数据转换、异构数据库之间的互访和互操作等。

1.2.3 数据库系统

1. 数据库系统的组成

数据库系统(Database System,DBS)是指采用了数据库技术的计算机应用系统,它实际上是一个集合体。

数据库系统通常包括:

(1)数据库。

(2)数据库管理系统,它是数据库系统的核心组成部分。

(3)计算机硬件环境、操作系统环境及各种实用程序。

(4)管理和使用数据库系统的各类人员。

管理和使用数据库系统的各类人员如下:

(1)数据库管理员(Database Administrator,DBA):全面负责建立、维护、管理和控制数据库系统。

(2)系统分析员:数据库系统建设期的主要参与人员,负责应用系统的需求分析和规范说明,确定系统的基本功能、数据库结构和应用程序的设计以及软硬件的配置,并组织整个系统的开发。

(3)应用程序员(Application Programmer):根据数据库系统的功能需求,设计和编写应用系统的程序模块,并参与对程序模块的测试。

(4)终端用户(End User):按照用户需求的信息及获得信息的方式的不同,一般可将终端用户分为操作层、管理层和决策层,他们通过应用系统的用户接口使用数据库。

2. 数据库系统的特点

(1)降低数据冗余,提高数据共享性。

(2)数据独立性高。数据的独立性包括逻辑独立性和物理独立性。

数据的逻辑独立性是指当数据的总体逻辑结构改变时,数据的局部逻辑结构不变。由于应用程序是依据数据的局部逻辑结构编写的,因此应用程序不必修改,从而保证了数据与程序间的逻辑独立性。例如,在原有表中增加了新字段,那么与该新字段无关的应用程序不必修改,体现了数据的逻辑独立性。

数据的物理独立性是指当数据的存储结构改变时,数据的逻辑结构不变,从而应用程序也不必改变。例如,改变存储设备(如换了一个磁盘来存储该数据库),而应用程序不必修改,体现了数据的物理独立性。

(3)有统一的数据控制功能,包括数据的安全性控制、数据的完整性控制、数据的并发控制、数据备份、数据恢复等。

应特别注意以下几点:

(1)数据库、数据库管理系统、数据库系统是 3 个不同的概念。

(2)数据库强调的是数据。

(3)数据库管理系统是管理数据库的工具软件。

(4)数据库系统强调的是一个整体系统。

(5)数据库系统包含数据库及数据库管理系统。

1.2.4　数据库应用系统

数据库应用系统是为最终用户使用数据库而开发的软件系统,如图书馆的管理系统、企业的信息管理系统和财会信息管理系统、高校的教务管理系统等。

1.2.5　数据库系统的三级模式及二级映射结构

根据美国国家标准化协会和标准计划与需求委员会提出的建议,数据库系统的内部体系结构是三级模式和二级映射。其中,三级模式分别是外模式、概念模式和内模式,二级映射分别是外模式到概念模式的映射(外模式/概念模式映射)和概念模式到内模式的映射(概念模式/内模式映射)。

三级模式反映了数据库的 3 种不同的层面,如图 1-2 所示。三级模式是对数据的 3 个抽象级别,其把数据的具体组织留给数据库管理系统管理,使用户能逻辑地、抽象地处理数据,而不必关心数据在计算机中的具体表示方式与存储方式。为了能够在系统内部实现这 3 个抽象层次的联系和转换,数据库管理系统在三级模式之间提供了二级映射:外模式/概念模式映射和概念模式/内模式映射。正是这二级映射保证了数据库系统中的数据能够具有较高的逻辑独立性和物理独立性。

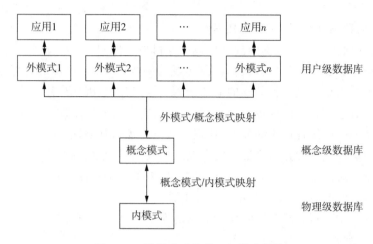

图 1 - 2　数据库系统的三级模式结构

1. 数据库系统的三级模式

(1)概念模式

概念模式也称为模式,它是数据库中全局数据逻辑结构的描述,是所有用户 (应用)的公共数据视图。定义概念模式时不仅要定义数据的逻辑结构(如数据记录由哪些数据项构成,数据项的名字、类型、取值范围等),而且要定义与数据有关的安全性、完整性要求,定义这些数据之间的联系。对概念模式的描述,数据库管理系统一般提供有相应的模式描述语言(模式 DDL)。

(2)外模式

外模式也称为子模式或用户模式,它是数据库用户所见到和使用的局部数据逻辑结构的描述,是数据库用户的数据视图,是与某一应用有关的数据的逻辑表示。一个概念模式可以有若干个外模式,每个用户只关心与他有关的外模式,这样不仅可以屏蔽大量无关信息,还有利于数据库中数据的保密和保护。对外模式的描述,数据库管理系统一般提供有相应的外模式定义语言(外模式 DDL)。

(3)内模式

内模式也称为存储模式或物理模式,它是数据库物理存储结构和物理存储方法的描述,是数据在存储介质上的保存方式。例如,数据的存储方式是顺序存储还是按照 B 树结构存储等。内模式对一般用户是透明的,但其设计直接影响数据库的性能。对内模式的描述,数据库管理系统一般提供有相应的内模式定义语言(内模式 DDL)。一个数据库只有一个内模式。

2. 数据库系统的二级映射

数据库系统的三级模式之间的联系是通过二级映射来实现的,当然实际的映射转换工作是由数据库管理系统来完成的。

（1）外模式/概念模式的映射

外模式/概念模式映射定义了外模式与概念模式之间的对应关系。外模式是用户的局部模式，而概念模式是全局模式。当概念模式改变时，由数据库管理员对各个外模式/概念模式映射做相应改变，可以使外模式保持不变，从而应用程序不必修改，保证了数据的逻辑独立性。

（2）概念模式/内模式映射

概念模式/内模式映射定义了数据全局逻辑结构与物理存储结构之间的对应关系。当数据库的存储结构改变时（如换了另一个磁盘来存储该数据库），由数据库管理员对概念模式/内模式映射做相应改变，可以使概念模式保持不变，从而保证了数据的物理独立性。

1.3　数据模型

数据模型（Data Model）是对现实世界数据特征的抽象，描述了数据及其联系的组织方式、表达方式和存取路径。数据模型描述的内容包括 3 个方面，即数据结构、数据操作与数据约束条件。数据模型是数据库系统的核心与基础。

数据模型是从现实世界到机器世界的一个中间层次。现实世界的事物反映到人的大脑中，人们首先把这些事物抽象为一种既不依赖于具体的计算机系统又不依赖于具体的数据库管理系统的概念模型，然后把该概念模型转换为计算机中某个数据库管理系统所支持的数据模型。

数据模型包括如下 3 类。

1. 概念数据模型

概念数据模型是面向数据库用户的现实世界的数据模型，简称概念模型。概念模型主要用来描述现实世界的概念化结构，它使数据库的设计人员在设计的初始阶段摆脱了计算机系统及数据库管理系统的具体技术问题，集中精力分析数据及数据之间的联系等。概念模型与具体的计算机平台无关，也与具体的数据库管理系统无关。

2. 逻辑数据模型

逻辑数据模型简称逻辑模型，主要用来描述数据库中数据的表示方法和数据库结构的实现方法。它是计算机实际支持的数据模型，是与具体的数据库管理系统有关的数据模型。逻辑模型包括层次数据模型、网状数据模型、关系数据模型、面向对象数据模型等。

3. 物理数据模型

物理数据模型简称物理模型,它是一种面向计算机物理表示的模型。物理模型给出了数据模型在计算机上物理结构的表示,用于描述数据在储存介质上的组织结构。

1.3.1 概念数据模型——E-R 模型

概念数据模型按用户的观点,从概念上描述客观世界复杂事物的结构及事物之间的内在联系,而不管事物和联系如何在数据库中存储。概念数据模型与具体的数据库无关,也与具体的计算机平台无关。概念数据模型是整个数据模型的基础。在此,仅介绍使用较为广泛的 E-R 方法设计概念模型的有关内容。

1. 概念数据模型中的基本概念

(1)实体

客观存在并可相互区别的事物称为实体。实体可以是具体的人、事、物,也可以是抽象的概念或联系,如一个教师、一门课、一本书、一次作业、一次考试等。

(2)属性

描述实体的特性称为属性。一个实体可以由若干个属性来刻画,如一个学生实体有学号、姓名、性别、出生日期等方面的属性。属性有属性名和属性值,属性的具体取值称为属性值。例如,对某一学生的"性别"属性取值"女",其中"性别"为属性名,"女"为属性值。

(3)关键字

能够唯一标识实体的属性或属性的组合称为关键字。例如,学生的学号可以作为学生实体的关键字,但学生的姓名有可能有重名,因此不能作为学生实体的关键字。

(4)域

属性的取值范围称为该属性的域。例如,学号的域为 8 个数字字符串集合,性别的域为"男"和"女"。

(5)实体型

属性的集合表示一个实体的类型,称为实体型。例如,学生(学号,姓名,性别,出生日期)就是一个实体型。

属性值的集合表示一个实体。例如,属性值的集合(02091001,李楠,女,1986-01-12)就代表一个具体的学生。

(6)实体集

同类型的实体的集合称为实体集。例如,对于"学生"实体来说,全体学生就是一个实体集。

2. 两个实体之间的联系

现实世界中事物内部及事物之间是有联系的,在概念模型中反映为实体内部的联系和实体之间的联系。实体内部的联系通常是指组成实体的各属性之间的联系,而实体之间的联系通常是指不同实体集之间的联系。

两个实体之间的联系可分为如下 3 种类型。

(1)一对一联系(1∶1)

实体集 A 中的一个实体至多与实体集 B 中的一个实体相对应;反之亦然,则称实体集 A 与实体集 B 为一对一联系,记作 1∶1。

例如,一个学校只有一个正校长,一个正校长只能管理一个学校。

(2)一对多联系(1∶n)

如果对于实体集 A 中的每一个实体,实体集 B 中有多个实体与之对应;反之,对于实体集 B 中的每一个实体,实体集 A 中至多只有一个实体与之对应,则称实体集 A 与实体集 B 之间为一对多联系,记为 1∶n。

例如,学校的一个学院有多个专业,而一个专业只属于一个学院。

(3)多对多联系($m∶n$)

如果对于实体集 A 中的每一个实体,实体集 B 中有多个实体与之对应;反之,对于实体集 B 中的每一个实体,实体集 A 中也有多个实体与之对应,则称实体集 A 与实体集 B 之间为多对多联系,记为 $m∶n$。

例如,一个学生可以选修多门课程,一门课程可以被多名学生选修。

3. E - R 方法

E - R(Entity - Relationship,实体-联系)方法是使用最广泛的概念数据模型设计方法,该方法用 E - R 图描述现实世界的概念数据模型。

E - R 方法描述说明如下。

(1)实体(型)

实体(型)用矩形表示,矩形框内写上实体名称。

(2)属性

属性用椭圆形表示,椭圆内写明属性名,并用连线将其与相应的实体型连接起来。

(3)联系

联系用菱形表示,菱形框内写明联系名,并用连线分别与有关实体连接起来,同时在连线旁标上联系的类型(如 1∶1、1∶n 或 $m∶n$)。

E - R 图示例如图 1 - 3 所示。

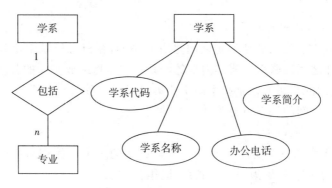

图 1-3 E-R 图示例

1.3.2 逻辑数据模型

逻辑数据模型分为层次数据模型、网状数据模型、关系数据模型和面向对象数据模型。

1. 层次数据模型

层次数据模型(简称层次模型)采用树形结构表示实体和实体间的联系。层次数据模型示例如图 1-4 所示,在该示例中,树形反映出整个系统的数据结构和它们之间的关系。在层次数据模型中只有一个根节点,其余节点只有一个父节点,每个节点是一个记录,每个记录由若干数据项组成。记录之间使用带箭头的连线连接,以反映它们之间的关系。

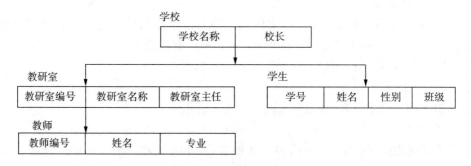

图 1-4 层次数据模型示例

层次数据模型简单清晰,便于表示具有自然的一对多关系的联系形式。若要表达多对多的关系,需要引入冗余数据,或者通过引入虚拟节点来创建非自然的数据组织来解决。

另外,层次数据模型对数据的插入、删除和更新操作的限制较多,缺乏快速定位机制。

2. 网状数据模型

网状数据模型(简称网状模型)采用图形结构表示各类实体及实体之间的关系,可以看成层次数据模型的一种扩展。一般来说,满足如下基本条件的基本层次联系的集合称为网状数据模型:

(1)可以有一个以上的节点,无父节点。

(2)允许节点有多个父节点。

(3)节点之间允许有两种或两种以上的联系。

网状数据模型示例如图 1-5 所示。

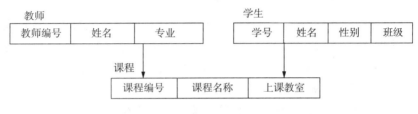

图 1-5　网状数据模型示例

网状数据模型可以直接表示多对多联系,能够更为直接地描述现实世界,具有良好的性能,存取效率高,但是,其结构比较复杂,不利于最终用户掌握。应用程序在访问数据时必须选择适当的存取路径,加重了编写应用程序的负担。

3. 关系数据模型

关系数据模型(简称关系模型)由一组关系组成,每个关系的数据结构是一张规范化的二维表,即关系数据模型以二维表的方式(表 1-1)组织数据。关系数据模型建立在严格的数学概念基础之上,20 世纪 80 年代以来,绝大多数的数据库系统建立在关系数据模型之上。

表 1-1　"学系"表

学系代码	学系名称	办公电话	学系简介
01	中国语言文学系	94015678	中国语言文学系设有汉语专业。本系人才荟萃,曾有许多著名学者在此任教
02	数学系	94038808	数学系设有数学专业、统计学专业。本系师资力量雄厚,有教授 15 人,博士生导师 13 人
03	物理学系	94042356	物理学系设有物理学专业、光学专业。本系师资力量雄厚,现有教师 70 人,其中教授 30 人
04	化学系	94053326	化学系设有化学专业、应用化学专业。本系师资力量雄厚,有中国科学院院士 3 人

（续表）

学系代码	学系名称	办公电话	学系简介
05	生物学系	94066689	生物学系设有生物科学专业、特征技术专业。本系基础条件优越,教学科研力量雄厚

基于关系数据模型建立的数据库系统则称为关系数据库系统。

4. 面向对象数据模型

面向对象数据模型(简称面向对象模型)是用面向对象的观点来描述现实世界实体的逻辑组织、实体之间的限制和联系等的模型。

在面向对象数据模型中,所有现实世界中的实体都可看成对象。在面向对象方法中,对象、类、方法和消息是基本的概念。一个对象包含若干属性,用于描述对象的特性。属性也是对象,它又可包含其他对象作为其属性。这种递归引用对象的过程可以继续下去,从而组成各种复杂的对象。另外,同一个对象可以被多个对象所引用。面向对象方法将对象的数据和操作都封装在对象的类型中,能够支持复杂的数据结构。面向对象数据模型没有单一固定的数据库结构,编程人员可以给类或对象类型定义任何有用的结构。

除了属性之外,对象还包含若干方法,用于描述对象的行为。方法又称为操作,它可以改变对象的状态。

面向对象数据模型能完整地描述现实世界的数据结构,具有丰富的表达能力,但模型相对比较复杂,涉及的知识较多,因此面向对象数据库尚未达到关系数据库的普及程度。

1.3.3　物理数据模型

物理数据模型不仅与具体的数据库管理系统有关,还与操作系统和硬件有关。每一种逻辑数据模型在实现时都有与其相对应的物理数据模型。

数据库管理系统为了保证其独立性与可移植性,大部分物理数据模型的实现工作由系统自动完成,而设计者只需设计索引等特殊结构。

本章小结

本章讲述了信息、数据、数据处理与数据管理的基本概念,介绍了数据管理技术发展的 3 个阶段及各自的优缺点,说明了数据库系统的特点。

数据库系统主要包括数据库、数据库用户、计算机硬件系统和计算机软件系统等几部分。数据库是存储在计算机内有组织的大量共享数据的集合,可以供用户共享,具有尽可能小的冗余度和较高的数据独立性,使得数据存储最优,数据最容易操作,并且具有完善的自我保护能力和数据恢复能力。

数据库用户是指使用数据库的人员,其中数据库管理员是数据库系统中的核心人员,可以决定数据库的结构和内容,控制和监督数据库系统的运行等。

计算机硬件系统是数据库系统存在和运行的硬件基础。在计算机软件系统中,数据库管理系统和操作系统是核心的系统软件。其中,数据库管理系统是对数据进行管理的大型系统软件,用户在数据库系统中的一切操作,包括数据定义、查询、更新及各种控制,都是通过数据库管理系统进行的。数据库管理系统就是把抽象的逻辑模型转换成计算机中具体物理数据的系统,这给用户带来很大的方便。当然,数据库管理系统所进行的一系列操作都要通过操作系统,操作系统负责管理系统中的硬件资源和软件资源。

从数据库管理系统的角度看,数据库系统通常采用三级模式结构,这是数据库系统内部的体系结构。数据库系统的三级模式和二级映射保证了数据库系统的逻辑独立性和物理独立性。

数据库中的数据是按一定的结构和模型进行组织的,通常分为层次数据模型、网状数据模型、关系数据模型和面向对象数据模型,本章详细介绍了这 4 种数据模型各自的优缺点,并重点介绍了关系数据模型及有关的基本概念。

随着新兴信息技术的发展和影响,数据库领域的新技术包括分布式数据库、数据仓库与数据挖掘、多媒体数据库和大数据技术等。

习 题

一、选择题

1. 数据库(DB)、数据库系统(DBS)、数据库管理系统(DBMS)之间的关系是( )。

A. DB 包含 DBS 和 DBMS
B. DBMS 包含 DB 和 DBS
C. DBS 包含 DB 和 DBMS
D. 没有任何关系

2. 数据库系统的核心是( )。

A. 数据模型
B. 数据库管理系统
C. 数据库
D. 数据库管理员

3. 数据独立性是数据库技术的重要特点之一,数据独立性是指( )。

A. 数据与程序独立存放

B. 不同的数据被存放在不同的文件中

C. 不同的数据只能被对应的应用程序所使用

D. 以上 3 种说法都不对

4. 用树形结构表示实体之间联系的数据模型是( )。

A. 关系数据模型
B. 网状数据模型

C. 层次数据模型　　　　　　　　　D. 以上 3 个都是

5. "商品"与"顾客"两个实体集之间的联系一般是(　　)。

A. 一对一　　　　B. 一对多　　　　C. 多对一　　　　D. 多对多

6. 下列关于数据库的叙述正确的是(　　)。

A. 数据库中只存在数据项之间的联系

B. 数据库的数据项之间和记录之间都存在联系

C. 数据库的数据项之间无联系,记录之间存在联系

D. 数据库的数据项之间和记录之间都不存在联系

7. 在数据库管理系统提供的数据语言中,负责数据的模式定义与数据的物理存取构建的是(　　)。

A. 数据定义语言　　　　　　　　　B. 数据转换语言

C. 数据操纵语言　　　　　　　　　D. 数据控制语言

8. 数据库系统的三级模式结构中,下列不属于三级模式的是(　　)。

A. 内模式　　　　　　　　　　　　B. 抽象模式

C. 外模式　　　　　　　　　　　　D. 概念模式

9. 在数据库管理系统提供的语言中,负责数据的完整性、安全性的定义与检查及并发控制、故障恢复等功能的是(　　)。

A. 数据定义语言　　　　　　　　　B. 数据转换语言

C. 数据操纵语言　　　　　　　　　D. 数据控制语言

10. 下面关于数据库系统叙述正确的是(　　)。

A. 数据库系统避免了一切冗余

B. 数据库系统减少了数据冗余

C. 数据库系统比文件系统能管理更多的数据

D. 数据库系统中数据的一致性是指数据类型的一致

11. 下列叙述中错误的是(　　)。

A. 数据库技术的根本目标是要解决数据共享的问题

B. 数据库设计是指设计一个能满足用户要求、性能良好的数据库

C. 数据库系统中,数据的物理结构必须与逻辑结构一致

D. 数据库系统是一个独立的系统,但是需要操作系统的支持

12. 在数据库管理系统提供的数据语言中,负责数据的查询及增、删、改等操作的是(　　)。

A. 数据定义语言　　　　　　　　　B. 数据转换语言

C. 数据控制语言　　　　　　　　　D. 数据操纵语言

13. 下列有关数据库的描述正确的是(　　)。

A. 数据库是一个结构化的数据集合　　B. 数据库是一个关系

C. 数据库是一个 DBF 文件　　　　　D. 数据库是一组文件

14. 在数据库的三级模式结构中,描述数据库中全体数据的全局逻辑结构和特征的是(　　)。

A. 外模式　　　　B. 内模式　　　　C. 存储模式　　　　D. 概念模式

15. (　　)是存储在计算机内有结构的数据的集合。

A. 数据库系统　　　　　　　　　　B. 数据库

C. 数据库管理系统　　　　　　　　D. 数据结构

16. (　　)是位于用户与操作系统之间的一层数据管理软件。

A. 数据库系统　　　　　　　　　　B. 数据库应用系统

C. 数据库管理系统　　　　　　　　D. 数据库

17. 数据库系统的三级模式中,表达物理数据库的是(　　)。

A. 外模式　　　　B. 概念模式　　　　C. 用户模式　　　　D. 内模式

18. 供应商可以给某个工程提供多种材料,同一种材料也可以由不同的供应商提供,从材料到供应商之间的联系类型是(　　)。

A. 多对多　　　　B. 一对一　　　　C. 多对一　　　　D. 一对多

19. 子模式是(　　)。

A. 模式的副本　　　　　　　　　　B. 存储模式

C. 多个模式的集合　　　　　　　　D. 模式的逻辑子集

20. 数据库中不仅能够保存数据本身,而且能保存数据之间的相互联系,保证了对数据修改的(　　)。

A. 独立性　　　　B. 安全性　　　　C. 共享性　　　　D. 一致性

21. 一个数据库系统的外模式(　　)。

A. 只能有一个　　　　　　　　　　B. 最多只能有一个

C. 至少两个　　　　　　　　　　　D. 可以有多个

22. 数据库三级模式中,真正存在的是(　　)。

A. 外模式　　　　B. 子模式　　　　C. 概念模式　　　　D. 内模式

23. 在数据库中,数据的物理独立性是指(　　)。

A. 数据库与数据库管理系统相互独立

B. 用户程序与数据库管理系统相互独立

C. 用户的应用程序与存储磁盘上的数据相互独立

D. 应用程序与数据库中数据的逻辑结果相互独立

24. 为了保证数据库的逻辑独立性,需要修改的是(　　)。

A. 概念模式与外模式之间的映射　　B. 概念模式与内模式之间的映射

C. 概念模式　　　　　　　　　　　D. 三级模式

25. 层次模型不能直接表示(　　)。

A. 1∶1　　　　B. 1∶n　　　　C. m∶n　　　　D. 1∶1和1∶n

二、填空题

1. 数据管理技术的发展过程经历了人工管理、文件系统和数据库系统 3 个阶段,其中数据独立性最高的阶段是_____。

2. 在关系数据库中,把数据表示成二维表,每一个二维表称为一个_____。

3. 在数据库理论中,数据物理结构的改变,如存储设备的更换、物理存储的更换、存取方式的改变等都不影响数据库的逻辑结构,从而不引起应用程序的变化,称为_____。

4. 数据库管理系统是位于用户与_____之间的软件系统。

5. 数据库系统中,实现数据管理功能的核心软件称为_____。

6. 一个项目具有一个项目主管,一个项目主管可管理多个项目,则实体"项目主管"与实体"项目"间的关系属于_____。

7. 数据库三级模式体系结构的划分,有利于保持数据的_____。

8. 数据库保护分为安全性控制、_____、并发性控制和数据恢复。

9. 在数据库理论中,数据库总体逻辑结构的改变,如修改数据模式、增加新的数据类型、改变数据间联系等,不需要修改相应的应用程序,称为_____。

10. 数据库管理系统常见的数据模型有层次数据模型、网状数据模型和_____ 3 种。

11. 对现实世界进行第一层抽象的模型称为_____模型,对现实世界进行第二层抽象的模型称为_____模型。

12. 层次模型的数据结构是_____结构,网状数据模型的数据结构是_____结构,关系数据模型的数据结构是_____结构,面向对象数据模型的数据结构之间可以_____。

13. 现实世界的事物反映到人的头脑中经过思维加工成数据,这一过程需要经过 3 个世界的转换,依次是_____、_____、_____。

三、简答题

1. 简述数据管理技术发展的 3 个阶段和各个阶段的特点。

2. 从程序和数据之间的关系分析文件系统和数据库系统之间的区别和联系。

3. 简述数据库、数据库管理系统、数据库系统 3 个概念的含义和联系。

4. 数据库系统包括哪几个主要组成部分?各部分的功能是什么?绘制整个数据库系统的层次结构图。

5. 简述数据库管理系统的组成和功能。

6. DBA 指什么?它的主要职责是什么?

7. 试述数据库三级模式结构,说明三级模式结构的优点是什么。

8. 什么是数据库的数据独立性?它包含哪些内容?

9. 什么是数据字典?它的主要作用是什么?

10. 简述数据库管理系统的数据存取过程。

11. 解释实体、属性、码、实体集、实体型、实体联系类型、记录、字段、记录型、文件、实体模型和数据模型的含义。

12. 数据模型的主要作用是什么?3 类基本数据模型的划分依据是什么?各有哪些优缺点?

13. 实体型间的联系有哪几种?其含义是什么?并举例说明。

14. 解释概念模式、内模式、外模式、DDL 和 DML 的含义。

15. 试述传统数据库的局限性。

16. 面向对象数据库的主要研究内容是什么?

17. 什么是分布式数据库?其特点是什么?

18. 简述数据挖掘的处理过程。

19. 大数据定义的"4V"特征包括哪些?

20. 简述大数据的关键技术。

第 2 章　关系数据库

关系数据库系统是支持关系模型的数据库系统。关系数据库是目前应用最广泛,也是最重要、最流行的数据库。按照数据模型的 3 个要素,关系模型由关系数据结构、关系操作集合和关系完整性约束 3 部分组成。本章主要从这 3 个方面讲述关系数据库的一些基本理论,包括关系模型的数据结构、关系的定义和性质、关系的完整性、关系代数和关系数据库的基本概念等。

本章内容是学习关系数据库的基础,其中关系代数是学习的重点和难点。学习本章后,读者应掌握关系的定义及性质,关系码、外部码等基本概念,重点掌握实体完整性和参照完整性的内容和意义、常用的几种关系代数的基本运算等。

2.1　关系数据库概述

关系数据库是基于关系模型的数据库。SQL Server、Access 等就是关系数据库管理系统(Relational Database Management System,RDBMS),使用它们可以创建某一具体应用的 SQL Server、Access 关系数据库。

2.1.1　关系模型的基本术语

1. 关系

一个关系就是一个二维表,每一个关系都有一个关系名。在关系数据库管理系统中,通常把二维表称为数据表,也简称为表。二维表中含有几列就称为几元关系。

对关系的描述称为关系模式,一个关系模式对应一个关系的结构。

关系模式的一般格式如下:

关系名(属性名 1,属性名 2,…,属性名 n)

例如,在 Access 中,关系模式表示为表模式,它对应于一个表的结构,即

表名(字段名 1,字段名 2,…,字段名 n)

例如,"学系"表的关系模式如下:

学系(学系代码,学系名称,办公电话,学系简介)

2. 属性

二维表中的一列称为一个属性,每一列都有一个属性名。在 Access 中,表中的一列称为字段,属性名也称为字段名。

3. 元组

二维表中从第二行开始的每一行称为一个元组或记录。例如,在 Access 中元组称为记录。

关系是元组的集合,元组是属性值的集合,一个关系模型中的数据就是这样逐行逐列组织起来的。

4. 分量

元组中的一个属性值称为分量。关系模型要求关系的每一个分量必须是一个不可分的数据项,即不允许表中还有表。

5. 域

属性的取值范围称为域,即不同的元组对同一属性的取值所限定的范围。例如,性别只能从"男""女"两个汉字中取其中一个。

6. 候选关键字

关系中的某个属性组(一个属性或几个属性的组合)可以唯一标识一个元组,该属性组称为候选关键字(Candidate Key),也称为候选码或候选键。

例如,在"图书信息"表中,图书编号是候选关键字;若没有重名现象,则图书名称也可以是候选关键字。作为候选关键字的属性组中不能有多余的属性。

构成候选关键字的属性称为主属性(Prime Attribute)。不包含在任何候选关键字中的属性称为非主属性(Non - prime Attribute)或非码属性(Non - key Attribute)。

最简单的情况下,候选关键字只包含一个属性。在最极端的情况下,所有属性的组合是关系模式的候选关键字,称为全码(All - key)。

7. 主关键字

一个关系中可以有多个候选关键字,选择其中一个作为主关键字(Primary Key),也称为主键或主码。例如,在"学生"表中,由于每个学号是唯一的,因此可以设置"学号"字段为主键。

每个关系中可以有多个候选关键字,但是有且仅有一个主关键字。主关键字一旦选定,就不能随意改变。

8. 外部关键字

如果一个属性组(一个属性或几个属性的组合)不是所在关系的主关键字,而是另一个关系的主关键字或候选关键字,则该属性组称为外部关键字,也称为外键或外码。

9. 主属性

包含在任一候选关键字中的属性称为主属性。

2.1.2　关系的性质

关系是一个二维表,但并不是所有的二维表都是关系。关系应具有以下性质:

(1)每一列中的分量是同一类型的数据,来自同一个域。

(2)不同的列要给予不同的属性名。

(3)列的顺序无所谓,即列的次序可以任意交换。

(4)任意两个元组不能完全相同。

(5)行的顺序无所谓,即行的次序可以任意交换。

(6)每一个分量都必须是不可再分的数据项。

由上述可知,二维表中的每一行都是唯一的,而且所有行都具有相同类型的字段。

2.1.3　关系完整性约束

关系模型允许定义 3 种完整性约束,即实体完整性约束、参照完整性约束和用户定义完整性(User Defined Integrity)约束。

1. 实体完整性约束

由于每个关系的主键是唯一决定元组的,因此实体完整性约束要求关系的主键不能为空值,组成主键的所有属性都不能取空值。

实体完整性约束用来约束候选关键字中属性的取值,即主关键字不能为空值。某属性为空,意味着两种可能:一是其值未知,即目前还不知道它的取值;二是不存在。若某实体的主关键字为空,则可能导致该实体不能被标识,无法与其他实体相区分。

例如,有如下"学生"关系:

学生(学号,姓名,性别,出生日期)

其中,"学号"是主键,因此"学号"不能为空值。

例如,有如下"修课成绩"关系:

修课成绩(学年度,学期,学号,课程代码,课程类别,成绩性质,成绩)

其中,"学年度""学期""学号""课程代码"共同构成主键,因此"学年度""学期""学号""课程代码"都不能为空值。

2. 参照完整性约束

参照完整性约束是关系之间相关联的基本约束,它不允许关系引用不存在的元组,即在关系中的外键取值只能是关联关系中的某个主键值或者为空值。

若属性(或属性组)F是基本关系 R 的外码,其与基本关系 S 的主码 K 相对应(基本关系 R 和 S 不一定是不同的关系),则对于 R 中每个元组在 F 上的值必须满足:

(1)或者取空值(此时,F 的每个属性值均为空值)。

(2)或者等于 S 中某个元组的主码值。

参照完整性是涉及两个关系的约束条件,它体现了关系之间主关键字和外关键字的约束条件。

例如,学系代码是"学系"关系的主键、"专业"关系的外键。"专业"关系中的学系代码必须是"学系"关系中一个存在的值,或者是空值。

3. 用户定义完整性约束

由于应用环境的不同,不同的关系数据库系统往往还有一些特殊的约束条件,用户定义完整性是针对某一具体关系数据库的约束条件,这一约束条件一般不应由应用程序提供,而应由关系模型提供定义并检验。用户定义完整性约束主要包括字段的有效性约束和记录有效性约束。

用户定义完整性约束是针对具体数据环境与应用环境由用户具体设置的约束,它反映了具体应用中数据的语义要求,作用是保证数据库中数据的正确性。

2.1.4 关系模型的数据结构

二维表的结构称为关系模式(Relation Schema),它是对关系的描述,可以用一个五元组来表示:$R(U, D, DOM, F)$。其中,R 表示关系名,U 表示组成该关系的属性集合,D 表示属性集合 U 中属性所来自的域,DOM 表示属性向域的映像集合,F 表示属性间的数据依赖关系集合。

关系模式通常可以简记为 $R(U)$ 或 $R(A_1, A_2, \cdots, A_n)$。其中,$A_1, A_2, \cdots, A_n$ 为各属性名。

关系模型的数据结构让关系具有如下性质:

(1)列是同质的(Homogeneous),即每一列中的分量是同一类型的数据,来自同一个域。

(2)不同的列可出自同一个域,其中每一列称为一个属性,不同的属性要给予不同的属性名。

(3)列的顺序无所谓,即列的次序可以任意交换。

(4)任意两个元组的候选码不能完全相同。

(5)行的顺序无所谓,即行的次序可以任意交换。

(6)分量必须取原子值,即每个分量都必须是不可分的数据项。

2.1.5　关系规范化

在关系数据库中,如果关系模式没有设计好,就会出现数据冗余、数据更新异常、数据删除异常、数据插入异常等问题。关系模式的优良程度直接影响数据库中的数据完整性等。关系规范化就是将结构复杂的关系模式分解成结构简单的关系模式,从而使一个关系模式描述一个实体或实体间的一种联系,以达到概念的单一化。

关系规范化的目的就是要把不好的关系模式转变为好的关系模式。

关系数据库的规范化过程中为不同程度的规范化要求设立的不同标准被称为范式(Normal Form,NF)。

范式理论首先是由 E. F. Codd 提出来的。由于规范化的程度不同,就产生了不同的范式如第一范式、第二范式、第三范式等。每种范式都规定了一些限制约束条件。满足最低一级要求的关系属于第一范式,在此基础上如果进一步满足某种约束条件,达到第二范式标准,则称该关系属于第二范式,依此类推。当某一关系模式 R 满足某一范式时,记为 xNF(其中,x 对应数字,NF 表示范式)。

各种范式之间存在一定的联系,即一个较低的范式可以通过关系的分解转换为若干个较高级范式的关系,该过程称为关系的规范化。规范化理论可用来改造关系模式,通过对关系模式的分解,可以消除其中不适合的数据依赖,以解决数据冗余、插入异常等问题。范式越高,规范化程度越高,关系模式越好。

1. 第一范式

设 R 是一个关系模式,如果 R 的所有属性都是最基本的、不可再分的数据项,则称关系 R 满足第一范式(简记为 1NF)。第一范式是最基本的范式要求,在关系数据库中,任何一个关系模式都必须满足第一范式。

例如,如下"学生各科成绩"关系模式就不满足第一范式:

学生各科成绩[学号,姓名,成绩(数学、语文、英语)]

其中,"学号"是主键。因为"成绩"数据项又可以再分割成"数学""语文""英语"3 个数据项,所以"学生各科成绩"关系模式不满足第一范式。将"学生各科成绩"关系模式修改后,得到的如下"学生成绩"关系模式就满足第一范式:

学生成绩(学号,姓名,数学成绩,语文成绩,英语成绩)

其中,"学号"是主键。

2. 第二范式

如果关系模式 R 满足第一范式,且非主属性都完全依赖于主键,则称关系 R 满足第二范式(简记为 2NF)。

例如,如下"学生课程成绩"关系模式不满足第二范式:

学生课程成绩(学号,课程代码,姓名,性别,课程名称,学分,成绩)

其中,"学号"和"课程代码"两个属性共同构成主键,且只有"成绩"这个非主属性才完全依赖于主键("学号"和"课程代码"两者)。因为"姓名"和"性别"两个属性都是非主属性,它们都不完全依赖于主键,而是仅依赖于"学号"。同理,"课程名称"和"学分"两个属性都是非主属性,它们都不完全依赖于主键,而是仅依赖于"课程代码"。因此,"学生课程成绩"关系模式不满足第二范式。

把"学生课程成绩"关系模式进行分割,形成如下的"学生""课程""成绩"3个关系模式,这3个关系模式都分别满足第二范式:

学生(学号,姓名,性别)

其中,"学号"是主键。

课程(课程代码,课程名称,学分)

其中,"课程代码"是主键。

成绩(学号,课程代码,成绩)

其中,"学号"和"课程代码"两个属性共同构成主键。

3. 第三范式

如果关系模式 R 满足第二范式,且所有非主属性对任何主键都不存在传递依赖,则称关系 R 满足第三范式(简记为 3NF)。

例如,A 决定 B,B 决定 C,则 A 决定 C,就是传递依赖。例如,有一个 student 表,包含学号、姓名、年龄字段,则一个学号能唯一确定一个姓名;学号决定姓名情况,反过来如果存在重名的,则姓名不能决定学号,因为一个姓名可能对应两个学号。同样,假如姓名决定年龄,则学号决定年龄,年龄传递依赖于学号。

规范化的过程是进行模式分解,模式分解后,原来一张表中表达的信息被分解到多张表中进行描述。因此,为了能够表达分解前关系的语义,分解后除了要标识主关键字之外,还要标识相应的外关键字。特别要注意的是,分解后产生的关系模式要与原关系模式等价,即模式分解不能破坏原来的语义,同时要保证不丢失原来的函数依赖关系。

2.2 关系运算

关系代数是一种过程化的、抽象的查询语言,描述了运算的详细过程,但是不涉及具体的关系数据库系统,是一种纯理论的语言。

关系代数的运算对象是关系,运算结果也是关系。运算对象、运算符和运算结果是关系代数的三大要素。

关系代数的运算分为两大类:

(1)传统的集合运算:包括并、交、差和笛卡儿积 4 种运算,都是二目运算。

(2)专门的关系运算:包括选择(Selection)、投影(Projection)、连接(Join)和除等操作,其中选择和投影为单目运算,连接和除为二目运算。

并、差、笛卡儿积、投影和选择运算是关系代数中的 5 种基本运算。

关系代数中运算的优先级按照从高到低的顺序如下:投影、选择、笛卡儿积、连接和除(同级)、交、并和差(同级)。

2.2.1　传统的集合运算

关系操作采用集合操作方式,即操作的对象和结果都是集合,这种方式称为一次一集合的方式。而非关系数据结构的数据操作方式为一次一记录方式。

传统的集合运算包括并、交、差和笛卡儿积等运算。

要进行并、交、差运算的两个关系必须具有相同的结构。对于关系型数据库来说,即是指两个表的结构要相同。

假定专业 A(表 2-1)和专业 B(表 2-2)两个关系结构相同。

表 2-1　专业 A

专业代码	专业名称	学系代码
1001	财务管理	01
1002	工商管理	01
3002	国际金融	03

表 2-2　专业 B

专业代码	专业名称	学系代码
3002	国际金融	03
3003	国际贸易	03
4001	计算数学	04

1. 并运算

假设 R 和 S 是两个结构相同的关系,R 和 S 两个关系的并运算可以记作 $R \cup S$,运算结果是将两个关系的所有元组组成一个新的关系。若有完全相同的元组,则只留下一个。

[**例 2-1**] 专业 A∪专业 B 的运算结果见表 2-3 所列。

表 2-3 专业 A∪专业 B 的运算结果

专业代码	专业名称	学系代码
1001	财务管理	01
1002	工商管理	01
3002	国际金融	03
3003	国际贸易	03
4001	计算数学	04

2. 交运算

假设 R 和 S 是两个结构相同的关系,R 和 S 两个关系的交运算可以记作 $R\bigcap S$,运算结果是两个关系中公共元组组成的一个新的关系。

[**例 2-2**] 专业 A∩专业 B 的运算结果见表 2-4 所列。

表 2-4 专业 A∩专业 B 的运算结果

专业代码	专业名称	学系代码
3002	国际金融	03

3. 差运算

假设 R 和 S 是两个结构相同的关系,R 和 S 两个关系的差运算可以记作 $R-S$,运算结果是由属于 R 但不属于 S 的元组组成的一个新的关系。

[**例 2-3**] 专业 A−专业 B 的运算结果见表 2-5 所列。

表 2-5 专业 A−专业 B 的运算结果

专业代码	专业名称	学系代码
1001	财务管理	01
1002	工商管理	01

4. 集合的笛卡儿积运算

设 R 和 S 是两个关系,如果 R 是 m 元关系,有 i 个元组;S 是 n 元关系,有 j 个元组,则笛卡儿积 $R\times S$ 是一个 $m+n$ 元关系,有 $i\times j$ 个元组。

[**例 2-4**] 学生 A(表 2-6)×课程 A(表 2-7)的运算结果见表 2-8 所列。

表 2-6 学生 A

学 号	姓 名	性 别
06031001	王大山	男
06031002	李 琳	女
06061001	周 全	男

表 2-7 课程 A

课程代码	课程名称	学 分
3002	大学语文	3
3003	大学英语	4
4001	高等数学	4

表 2-8 学生 A × 课程 A 的运算结果

学 号	姓 名	性 别	课程代码	课程名称	学 分
06031001	王大山	男	3002	大学语文	3
06031001	王大山	男	3003	大学英语	4
06031001	王大山	男	4001	高等数学	4
06031002	李 琳	女	3002	大学语文	3
06031002	李 琳	女	3003	大学英语	4
06031002	李 琳	女	4001	高等数学	4
06061001	周 全	男	3002	大学语文	3
06061001	周 全	男	3003	大学英语	4
06061001	周 全	男	4001	高等数学	4

2.2.2 专门的关系运算

在关系代数中有 4 种专门的关系运算,即选择、投影、连接和除。

1. 选择

选择又称限制(Restriction),运算结果是在指定的关系中选择满足给定条件的若干元组形成的一个新的关系。选择运算是一个单目运算,作用在一个关系上,它是从行的角度进行的运算,运算结果对应的关系模式不变,但元组个数不大于原来关系的元组的个数。

通常选择运算记作：

$$\sigma <条件表达式>(R)$$

其中，σ[读音 sigma(西格玛)]是选择运算符，R 是关系名。

[例 2-5]　在关系专业(专业代码，专业名称，学系代码)中，选取学系代码为 02 的专业元组，可以记成：

$$\sigma 学系代码="02"(专业)$$

2. 投影

投影运算的结果是从指定关系中选取若干属性，用这些属性组成的一个新的关系。投影运算也是一个单目运算，它从列的角度进行运算，相当于对关系进行垂直分解。其运算结果可能是消除了关系的某些列或者是重新安排列的顺序。投影运算取消了某些列后，如果出现重复行，应该要取消这些完全重复的行。所以，投影后不仅减少了属性，也可能减少了元组。

通常投影运算记作：

$$\prod A(R)$$

其中，$\prod$(大写的 π，读作 pai)是投影运算符，A 是被投影的属性或属性组，R 是关系名。

[例 2-6]　在关系专业(专业代码，专业名称，学系代码)中，选取所有专业的专业名称、学系代码，可以记成：

$$\prod 专业名称,学系代码(专业)$$

选择运算与投影运算组合使用，如在关系职工(职工号，姓名，性别，年龄，职位，工资)中，选取所有工资为 1500 元以上(含 1500 元)的女职工的姓名、职位、工资，可以记成：

$$\prod 姓名,职位,工资(\sigma 工资>=1500 \quad and \quad 性别="女"(职工))$$

再如，在关系职工(职工号，姓名，性别，年龄，职位，工资)中，选取所有工资为 1500 元以下(含 1500 元)或 2500 元以上的职工的姓名、职位、工资，可以记成：

$$\prod 姓名,职位,工资(\sigma 工资<=1500 \quad or \quad 工资>2500(职工))$$

3. 连接

连接运算用来连接相互之间有联系的两个或多个关系，从而产生一个新的关系。该过程由连接属性(字段)来实现,一般情况下这个连接属性是出现在不同关系中的语义相同的属性。

连接运算是一个双目运算,运算结果是从两个关系的笛卡儿积中选取属性间满足连接条件的元组,组成新的关系。

连接类型有内连接、自然连接(Nature Join)、左外连接、右外连接、全外连接等。

在连接运算中,若为"=",也称为等值连接(Equi - join),即从 $R \times S$ 中选择 R 在 A 上的属性值等于 S 在 B 上的属性值的那些元组。

其中,最常用的连接是自然连接。

自然连接是一种特殊的等值连接,是按照公共属性值相等的条件进行连接,并且消除重复属性。自然连接要求两个关系必须有公共域,并通过公共域进行等值连接,在结果中要把重复的属性列去掉。一般的连接是从行的角度进行运算,自然连接还需要去掉重复列,所以是同时从行和列的角度进行运算。

[例 2 - 7]　将表 2 - 9 所列的学生 B 与表 2 - 10 所列的修课成绩 B 两个关系进行自然连接运算,其自然连接运算的结果见表 2 - 11 所列。

表 2 - 9　学生 B

学　号	姓　名	性　别
06031001	王大山	男
06031002	李　琳	女
06061001	周　全	男

表 2 - 10　学生修课 B

学　号	课程代码	课程名称	成　绩
06031001	3002	大学语文	85
06031001	3003	大学英语	93
06061001	4001	高等数学	78

表 2 - 11　学生 B 与修课成绩 B 的自然连接结果

学　号	姓　名	性　别	课程代码	课程名称	成　绩
06031001	王大山	男	3002	大学语文	85
06031001	王大山	男	3003	大学英语	93
06061001	周　全	男	4001	高等数学	78

自然连接和等值连接的区别如下：

① 两个关系中只有同名属性才能进行自然连接，而等值连接不要求相等属性值的属性名称相同。

② 在连接结果中，自然连接需要去掉重复属性，而等值连接不用去掉重复属性。

4. 除

关系 R 与关系 S 的除运算应满足的条件：关系 S 的属性全部包含在关系 R 中，关系 R 的一些属性不包含在关系 S 中。关系 R 与关系 S 的除运算表示为 $R \div S$。除运算的结果也是关系，而且该关系中的属性由 R 中除去 S 中的属性之外的全部属性组成，元组由 R 与 S 中在所有相同属性上有相等值的那些元组组成。

除运算是同时从行和列的角度进行运算，适用于"全部"之类的短语的信息查询。

[例 2-8] 将表 2-12 所列的学生课表与表 2-13 所示的所有课程表进行除运算，以找出已修所有课程的学生，其除运算的结果见表 2-14 所列。

表 2-12　学生修课

学　号	课程代码	姓　名	课程名称
06031001	3002	王大山	大学语文
06031001	3003	王大山	大学英语
06031002	3002	李　琳	大学语文
06031002	3003	李　琳	大学英语
06031002	4001	李　琳	高等数学
06061001	4001	周　全	高等数学

表 2-13　所有课程

课程代码	课程名称
3002	大学语文
3003	大学英语
4001	高等数学

表 2-14　学生修课 ÷ 所有课程的运算结果

学　号	姓　名
06031002	李　琳

本章小结

关系数据库系统是目前使用最广泛的数据库系统,本书的重点也是讨论关系数据库系统。本章在介绍域和笛卡儿积概念的基础上,给出了关系和关系模式的形式化定义,讲述了关系的性质,指出关系、二维表之间的联系,同时,还系统地介绍了关系数据库的一些基本概念,其中包括关系的码、关系模型的数据结构、关系的完整性及其关系操作,同时,结合实例详细介绍了关系运算。这些概念及方法对理解本书的内容非常重要。

习　题

一、选择题

1. 设有图 2-1 所示的关系表。

R		
A	B	C
1	1	2
2	2	3

S		
A	B	C
3	1	3

T		
A	B	C
1	1	2
2	2	3
3	1	3

图 2-1　关系 R、S、T

则下列操作中正确的是(　　)。

A. $T=R \cup S$　　　　　　　　　　B. $T=R \cap S$

C. $T=R \times S$　　　　　　　　　　D. $T=R/S$

2. 关系代数运算是以(　　)为基础的运算。

A. 关系运算　　　　B. 谓词运算　　　　C. 集合运算　　　　D. 代数运算

3. 按条件 f 对关系 R 进行选取,其关系代数表达式为(　　)。

A. $R \bowtie R$　　　　　　　　　　B. $R \bowtie fR$

C. $\sigma f(R)$　　　　　　　　　　D. $\prod f(R)$

4. 关系数据库的概念模型是(　　)。

A. 关系模型的集合　　　　　　　　B. 关系模式的集合

C. 关系子模式的集合　　　　　　　D. 存储模式的集合

5. 关系数据库管理系统能实现的专门关系运算包括(　　)。

A. 排序、索引、统计　　　　　　　　B. 选择、投影、连接

C. 关联、更新、排序　　　　　　　　D. 显示、打印、制表

6. 设有图 2-2 所示的关系表。

R

A	B	C
a	b	c
b	a	f
c	b	d

S

A	B	C
b	a	f
d	a	d

W

A	B	C
a	b	c
c	b	d

图 2-2 关系 R、S、W

则下列操作中正确的是（ ）。

A. $W=R\cap S$ B. $W=R\cup S$

C. $W=R-S$ D. $W=R\times S$

7. 设有一个学生档案的关系数据库，关系模式：S(SNo，SN，Sex，Age)，其中 SNo、SN、Sex、Age 分别表示学生的学号、姓名、性别、年龄，则“从学生档案数据库中检索学生年龄大于 20 岁的学生的姓名”的关系代数式是（ ）。

A. σSN($\prod$ Age>20(S)) B. $\prod$ SN(σAge>20(S))

C. $\prod$ SN($\prod$ Age>20(S)) D. σSN(σAge>20(S))

8. 一个关系只有一个（ ）。

A. 超码 B. 外码

C. 候选码 D. 主码

9. 在关系模型中，以下有关关系键的描述正确的是（ ）。

A. 可以由任意多个属性组成

B. 至多由一个属性组成

C. 由一个或多个属性组成，其值能唯一标识关系中的一个元组

D. 以上都不对

10. 同一个关系模型的任两个元组值（ ）。

A. 不能完全相同 B. 可以完全相同

C. 必须完全相同 D. 以上都不对

11. 一个关系数据库文件中的各条记录（ ）。

A. 前后顺序不能任意颠倒，一定要按照输入的顺序排列

B. 前后顺序可以任意颠倒，不影响库中的数据关系

C. 前后顺序可以任意颠倒，但排列顺序不同，统计处理的结果就可能不同

D. 前后顺序不能任意颠倒，一定要按照关键字段值的顺序排列

12. 关系模式的任何属性（ ）。

A. 不可再分 B. 可再分

C. 命名在关系模式中可以不唯一 D. 以上都不对

13. 设有关系 R 和 S，关系代数表达式 $R-(R-S)$ 表示的是（ ）。

A. $R\cap S$ B. $R\cup S$

C. $R-S$ D. $R\times S$

14. 关系运算中花费时间可能最长的是(　　)。

A. 选择

B. 投影

C. 除

D. 笛卡儿积

15. 设有关系模式 R 和 S,下列各关系代数表达式不正确的是(　　)。

A. $R-S=R-(R\cap S)$

B. $R=(R-S)\cup(R\cap S)$

C. $R\cap S=S-(S-R)$

D. $R\cap S=S-(R-S)$

16. 有两个关系 R 和 S,分别含有 15 个和 10 个元组,则在 $R\cup S$、$R-S$ 和 $R\cap S$ 中不可能出现的元组数据的情况是(　　)。

A. 15,5,10

B. 18,7,7

C. 21,11,4

D. 25,15,0

17. 在关系模型中,一个候选键(　　)。

A. 必须由多个任意属性组成

B. 至多由一个属性组成

C. 可由一个或多个其值能唯一标识元组的属性组成

D. 以上都不是

18. 有一个关系:学生(学号,姓名,系别),规定学号的值域是 8 个数字组成的字符串,这一规则属于(　　)。

A. 实体完整性约束

B. 参照完整性约束

C. 用户定义完整性约束

D. 关键字完整性约束

19. 根据关系数据基于的数据模型——关系模型的特征判断下列正确的一项是(　　)。

A. 只存在一对多的实体关系,以图形方式来表示

B. 以二维表格结构来保存数据,在关系表中不允许有重复行存在

C. 能体现一对多、多对多的关系,但不能体现一对一的关系

D. 关系模型数据库是数据库发展的最初阶段

20. 从计算机软件系统的构成看,数据库管理系统是建立在(　　)软件之上的软件系统。

A. 硬件系统

B. 操作系统

C. 软件系统

D. 编译系统

二、填空题

1. 在关系运算中,查找满足一定条件的元组的运算称为_____。

2. 在关系代数中,从两个关系中找出相同元组的运算称为_____运算。

3. 传统的集合"并、差、交"运算施加于两个关系时,这两个关系必须_____。

4. 在关系代数运算中,基本的运算是_____、_____、_____、_____、_____。

5. 在关系代数运算中,传统的集合运算有_____、_____、_____、_____。

6. 在关系代数运算中,专门的关系运算有_____、_____、_____。

7. 设有关系 R,从关系 R 中选择符合条件 f 的元组,则关系代数表达式应是_____。

8. 关系运算分为_____和_____。

9. 当对两个关系 R 和 S 进行自然连接运算时,要求 R 和 S 含有一个或多个共有的_____。

10. 在一个关系中,列必须是_____的,即每一列中的分量是同类型的数据,来自同一域。

11. 如果关系 R_2 的外部关系键 X 与关系 R_1 的主关系键相符,则外部关系键 X 的每个值必须在关系 R_1 中主关系键的值中找到,或者为空,这是关系的_____规则。

12. 设有关系模式:系(系编号,系名称,电话,办公地点),则该关系模型的主关系键是_____,主属性是_____,非主属性是_____。

13. 关系演算分为_____演算和_____演算。

14. 实体完整性规则是对_____的约束,参照完整性规则是对_____的约束。

15. 等式 $R \bowtie S = R \times S$ 成立的条件是_____。

16. 在关系数据库中,把数据表示成二维表,每一个二维表称为_____。

17. 数据独立性是指数据不依赖于_____。

18. 关系数据库中,主键是为标识表中_____的实体。

三、简答题

1. 关系模型的完整性规则有哪几类?

2. 举例说明什么是实体完整性和参照完整性。

3. 关系的性质主要包括哪些方面?为什么只限用规范化关系?

4. 举例说明等值连接与自然连接的区别与联系。

5. 解释下列概念:笛卡儿积、关系、同类关系、关系头、关系体、属性、元组、域、关系键、候选键、主键、外部键、关系模式、关系数据库模式、关系数据库、关系数据库的型与值。

6. 已知关系 R、S、T 如图 2-3 所示,求下列关系代数的运算结果。

R	
A	B
a_1	b_1
a_1	b_2
a_2	b_2

S	
A	B
a_1	b_2
a_1	b_3
a_2	b_2

T	
A	C
a_1	c_1
a_1	c_2
a_2	c_3

图 2-3 关系 R、S、T

(1) $R \cap S$；　　　(2) $R \cup S$；　　　(3) $R - S$；

(4) $\prod_A(S)$；　　　(5) $\sigma_{R.A = 'a2'}(R \times T)$。

7. 以表 2-15 所示的教学管理数据库为例,用关系代数表达式表示以下各种查询要求。

(1) 查询 T_1 教师所授课程的课程号和课程名。

(2) 查询年龄大于 18 岁的男同学的学号、姓名、系别。

(3) 查询"李力"教师所授课程的课程号、课程名、课时。

(4) 查询学号为 S_1 的学生所修课程的课程号、课程名和成绩。

(5) 查询学生"钱尔"所选修课程的课程号、课程名和成绩。

(6) 查询至少选修"刘伟"教师所授全部课程的学生姓名。

(7) 查询学生"李思"未选修的课程号和课程名。

(8) 查询全部学生都选修了的课程的课程号、课程名。

(9) 查询选修了课程号为 C_1 和 C_2 的学生的学号和姓名。

（10）查询选修了全部课程的学生的学号和姓名。

表 2 – 15 教学管理数据库关系模型及其实例

T（教师关系）

TNo 教师号	TN 姓名	Sex 性别	Age 年龄	Prof 职称	Sal 工资	Comm 岗位津贴	Dept 系别
T_1	李力	男	47	教授	1500	3000	计算机
T_2	王平	女	28	讲师	800	1200	信息
T_3	刘伟	男	30	讲师	900	1200	计算机
T_4	张雪	女	51	教授	1600	3000	自动化
T_5	张兰	女	39	副教授	1300	2000	信息

S（学生关系）

SNo 学号	SN 姓名	Sex 性别	Age 年龄	Dept 系别
S_1	赵亦	女	17	计算机
S_2	钱尔	男	18	信息
S_3	孙珊	女	20	信息
S_4	李思	男	21	自动化
S_5	周武	男	19	计算机
S_6	吴丽	女	20	自动化

C（课程关系）

CNo 课程号	CN 课程名	CT 课时
C_1	程序设计	60
C_2	微机原理	80
C_3	数字逻辑	60
C_4	数据结构	80
C_5	数据库	60
C_6	编译原理	60
C_7	操作系统	60

TC（授课关系）

TNo 教师号	CNo 课程号
T_1	C_1
T_1	C_4
T_2	C_5
T_2	C_6
T_3	C_1
T_3	C_5
T_4	C_2
T_4	C_3
T_5	C_5
T_5	C_7

SC（选课关系）

SNo 学号	CNo 课程号	Score 成绩
S_1	C_1	90
S_1	C_2	85
S_2	C_5	57
S_2	C_6	80
S_2	C_7	75
S_2	C_4	70
S_3	C_1	75
S_3	C_2	70
S_3	C_4	85
S_4	C_1	93
S_4	C_2	85
S_4	C_3	83
S_5	C_2	89

第3章 关系数据库标准语言 SQL

尽管结构化查询语言(Structured Query Language,SQL)被称为查询语言,但其功能包括数据查询、数据定义、数据操纵和数据控制 4 个部分。SQL 简洁方便、功能齐全,是目前应用最广的关系数据库语言。

通过本章的学习,读者将学会如何使用 SELECT 语句进行查询,还将学会如何建立自己的表,并且如何使用更多的 SQL 语句添加、修改或删除表中的数据。

3.1 SQL 简介

SQL 用于定义、查询、更新数据及管理关系数据库系统。SQL 结构简洁,功能强大,简单易学,自从被 IBM 公司于 1981 年推出以来,得到了广泛的应用。SQL 基本上独立于数据库本身使用的机器、网络、操作系统,基于 SQL 的数据库管理系统产品可以运行于从个人机、工作站到基于局域网、小型机和大型机的各种计算机系统中,具有良好的可移植性。

目前,SQL 已成为关系数据库的标准语言。Oracle、Sybase、Informix、SQL Server、MySQL、Access 等关系型数据库管理系统都支持 SQL 作为查询语言。许多数据库软件厂商对 SQL 基本命令集还进行了不同程度的扩充和修改,也有对所支持的标准以外的一些功能的尝试。

注意:可以把 SQL 读作 sequel,也可以按单个字母的读音读作 S-Q-L。这两种发音都是正确的,每种发音各有大量的支持者。本章的 SQL 操作在 Microsoft SQL Server 的数据库中完成,当然也可以用 SQL 操作许多其他关系型数据库。

3.1.1 SQL 分类

SQL 包含以下 6 个部分。

1. 数据定义语言

数据定义语言的语句包括动词 CREATE 和 DROP。利用数据定义语言可以在数据库中创建新表（CREAT TABLE）或删除表（DROP TABLE）、为表加入索引等。数据定义语言也是动作查询的一部分。

2. 数据查询语言

数据查询语言（Data Query Language，DQL）的语句也称为数据检索语句，用于从表中获得数据。其中，保留字 SELECT 是数据查询语言（也是所有 SQL）用得最多的动词，其他数据查询语言常用的保留字有 WHERE、ORDER BY、GROUP BY 和 HAVING。这些数据查询语言保留字常与其他类型的 SQL 语句一起使用。

3. 数据操作语言

数据操作语言的语句包括动词 INSERT、UPDATE 和 DELETE，分别用于添加、修改和删除表中的行，也称为动作查询语言。

4. 数据控制语言

数据控制语言的语句通过 GRANT 或 REVOKE 获得许可，确定单个用户和用户组对数据库对象的访问。某些关系数据库管理系统可用 GRANT 或 REVOKE 控制对表单个列的访问。

5. 事务处理语言

事务处理语言（Transaction Processing Language，TPL）的语句能确保被数据操纵语言语句影响的表的所有行及时得以更新。事务处理语言的语句包括 BEGIN TRANSACTION、COMMIT 和 ROLLBACK。

6. 指针控制语言

指针控制语言（Cursor Control Language，CCL）的语句像 DECLARE CURSOR、FETCH INTO 和 UPDATE WHERE CURRENT 一样用于一个或多个表单独行的操作。

SQL 的 4 类主要功能和对应的命令见表 3-1 所列。

表 3-1　SQL 的 4 类主要功能和对应的命令

SQL 功能	命　令
数据定义	CREATE、DROP、ALTER
数据查询	SELECT
数据操纵	INSERT、UPDATE、DELETE
数据控制	GRANT、REVOKE

3.1.2　SQL 的特点

SQL 是一种非过程化的语言，它允许在高层数据结构上进行操作，而不对单个记录进行操作。用户在使用 SQL 的过程中，完全不用考虑数据的存储格式、数据存储路径等复杂问题,需要做的只是用 SQL 提出自己的需求,至于如何实现这些需求则是关系数据库管理系统的任务。

SQL 的特点如下。

1. 集多种数据语言为一体

数据查询语言、数据操纵语言、数据定义语言以及数据控制语言都可以用 SQL 来实现。

2. 统一的数据操作方式

在关系模型中,实体与实体之间的联系用关系来表示,即实体和实体具有统一的数据结构,这种统一的数据结构使得对数据的增删查改只需一种操作符。

3. 面向集合的操作方式

SQL 采用集合操作方式,每次增、删、查、改的操作对象都可以是元组的集合。

4. 高度非过程化

用 SQL 对数据进行操作,只需要知道想做什么并写出相应的 SQL 语句,而不需要知道该怎么做,存取路径的选择和 SQL 语句的操作过程全部由数据库关系系统自动完成。

5. 一种语言,两种使用方式

用户既可以在终端键盘上直接输入 SQL 命令对数据库进行操作,也可以将其作为嵌入式语言,嵌入高级语言的程序中。这两种使用方式的语法基本一致。

6. 语言易懂、易学、易用

SQL 非常接近日常生活中的英语,容易学习,并且它只用了 9 个动词就完成了数据定义、数据操作、数据控制的核心功能,语言简洁,容易使用。

3.2　SQL 的预备知识

所有 SQL 数据库中的数据都存储在表中。一个表由行和列组成。例如,下面这个简单的表包括 Name 和 Email Address。

```
Name              Email Address
...................................................
Bill Gates        billg@microsoft.com
                      MaYun
                  MaYun@sohu.com
Stephen Walther   swalther@somewhere.com
```

该表有两列(列也称为字段),即 Name 和 Email Address;有三行,每一行包含一组数据。一行中的数据组合在一起称为一条记录。

无论何时向表中添加新数据,就添加了一条新记录。一个数据表可以有几十个记录,也可以有几千甚至几十亿个记录。

数据库很有可能包含几十个表,所有存储在数据库中的信息都被存储在这些表中。当人们考虑怎样把信息存储在数据库中时,应该考虑怎样把它们存储在表中。

SQL 被设计为不允许按照某种特定的顺序来取出记录,因为这样做会降低SQL Server 取出记录的效率。使用 SQL 时,只能按查询条件来读取记录。

当考虑如何从表中取出记录时,人们自然会想到按记录位置读取它们,即通过循环的方式扫描指定数据,但在操作数据库的过程中应尽量摒弃这种思路。

假如想选出所有的名字是"Bill Gates"的记录,如果使用传统的编程语言,也许可以构造一个循环,逐个查看表中的记录,看名字域是否是"Bill Gates"。这种选择记录的方法是可行的,但是效率不高。使用 SQL,人们只要说"选择所有名字域等于 Bill Gates 的记录",SQL 就会选出所有符合条件的记录,SQL 会确定实现查询的最佳方法。

假设人们想取出表中的前 10 个记录。使用传统的编程语言,人们可以做一个循环,取出前 10 个记录后结束循环。但如果使用标准的 SQL 查询,则是不可能实现的。因为,从 SQL 的角度来说,在一个表中不存在前 10 个记录这种概念。

随着学习的深入,人们会认识到,SQL 的这个特点不仅不是限制,反而是其优势。因为 SQL 不根据位置来读取记录,所以它读取记录很快。

综上所述,SQL 有两个特点:所有数据均存储在表中;从 SQL 的角度来说,表中的记录没有顺序。

3.3　SQL 的应用

3.3.1　使用 SQL 从表中读取记录

SQL 的主要功能之一是实现数据库查询。如果人们熟悉 Internet 引擎,那么就表示已经熟悉查询,人们可以使用查询来取得满足特定条件的信息。例如,如果人们想找到有 JSP 信息的全部站点,就可以连接到百度,并执行一个对 Java Server Pages 的搜索。在人们输入这个查询后,会收到一个列表,表中包括所有描述中包含搜索表达式的站点。

多数 Internet 引擎允许逻辑查询。在逻辑查询中,可以包括特殊的运算符(如

AND、OR 和 NOT），可以使用这些运算符选择特定的记录。例如，可以用 AND 来限制查询结果。如果执行一个对 Java Server Pages AND SQL 的搜索，将得到其描述中同时包含 Java Server Pages 和 SQL 的记录。当需要限制查询结果时，可以使用 AND。

如果需要扩展查询的结果，可以使用逻辑操作符 OR。例如，如果执行一个搜索，搜索所有的其描述中包含 Java Server Pages OR SQL 的站点，收到的列表中将包括所有其描述中同时包含两个表达式或其中任何一个表达式的站点。

如果想从搜索结果中排除特定的站点，可以使用 NOT。例如，查询"Java Server Pages"AND NOT"SQL"，将返回一个列表，列表中的站点包含 Java Server Pages，但不包含 SQL。当必须排除特定的记录时，可以使用 NOT。

用 SQL 执行的查询与用 Internet 搜索引擎执行的搜索非常相似。当人们执行一个 SQL 查询时，通过使用包括逻辑运算符的查询条件，可以得到一个记录列表，此时查询结果来自一个或多个表。

SQL 查询的句法非常简单。假设有一个名为 email_table 的表，包含名字和地址两个字段，要得到 Bill Gates 的 Email 地址，可以使用下面的语句查询：

```
SELECT email from email_table WHERE name = "Bill Gates"
```

当这个查询执行时，就从名为 email_table 的表中读取 Bill Gates 的 Email 地址。这个简单的语句包括以下 3 个部分：

（1）SELECT 语句的第 1 部分指名要选取的列。在此例中，只有 email 列被选取。当执行时，只显示 email 列的值：billg@microsoft. com。

（2）SELECT 语句的第 2 部分指明要从哪个（些）表中查询数据。在此例中，要查询的表名为 email_table。

（3）SELECT 语句的第 3 部分 WHERE 子句指明要选择满足什么条件的记录。在此例中，查询条件为只有 name 列的值为 Bill Gates 的记录才被选取。

Bill Gates 很有可能拥有不止一个 Email 地址。如果表中包含 Bill Gates 的多个 Email 地址，则用上述 SELECT 语句可以读取所有的 Email 地址。SELECT 语句从表中取出所有 name 字段值为 Bill Gates 的记录的 email 字段的值。

前面说过，查询可以在查询条件中包含逻辑运算符。假如想读取 Bill Gates 或 MaYun 的所有 Email 地址，可以使用下面的查询语句：

```
SELECT email FROM email_table
WHERE name = "Bill Gates" OR name = "MaYun"
```

此例中的查询条件前一个稍显复杂，该语句从表 email_table 中选出所有 name 列为 Bill Gates 或 MaYun 的记录。如果表中含有 Bill Gates 或 MaYun 的多个地址,则所有的地址都被读取。

SELECT 语句的结构看起来很直观,在 SQL SELECT 语句中,可表述为 "SELECT 特定的列 FROM 一个表 WHERE 某些列满足一个特定的条件"。

3.3.2 执行 SELECT 查询

在执行查询之前,需要选择数据库。SQL Sever 带有一个特殊的名为 pubs 的示例数据库。pubs 中包含供一个虚拟的出版商使用的各个表。本小节中所有的示例都是针对这个库来设计的。

在查询窗口顶部的 DB 下拉框中选择数据库 pubs,这样就选择了数据库,所有的查询都将针对该库中的各个表来执行。

第一个查询将针对一个名为 authors 的表,表中包含所有为某个虚拟出版商工作的作者的相关数据。单击查询窗口并输入以下语句:

```
SELECT  phone  FROM authors WHERE au_name = "Ringer"
```

输入完成后,单击执行查询按钮,任何出现在查询窗口中的语句均会被执行。查询窗口会自动变成结果显示窗口,可以看到查询的结果如下(在 SQL Sever 的不同版本中,pubs 中的数据会有所不同):

```
phone
................
801 826_0752
801 826_0752
  (2 row(s)  affected)
```

所执行的 SELECT 语句从表 authors 中取出所有名字为 Ringer 的作者的电话号码。通过在 WHERE 子句中使用特殊的选择条件来限制查询结果,也可以忽略选择条件,从表中取出所有作者的电话号码。要做到这一点,可单击 Query 标签,返回查询窗口,输入以下 SELECT 语句:

```
SELECT Phone FROM authors
```

该查询执行后,会取出表 authors 中的所有电话号码(没有特定的顺序)。如果表 authors 中包含 100 个电话号码,则会有 100 个记录被取出;如果表中有 10 亿个电话号码,则这 10 亿条记录都会被取出。

表 authors 的字段包括姓、名、电话号码、地址、城市、州和邮政编码。通过在 SELECT 语句的第一部分指定它们,可以从表中取出任何一个字段。可以在一个 SELECT 语句中一次取出多个字段,如:

```
SELECT au_fname,au_lname,phone FROM authors
```

该 SELECT 语句执行后,将取出这 3 个列的所有值。下面是该查询的结果的一个示例(此处列出查询结果的一部分,其余记录用省略号代替):

au_fname	au_lname	phone
....	....	....
		Johnson
		White 408
		496_7223
Marjorie Green	415	986_7020
Cheryl	Carson	415 548_7723
Michael	O'Leary	408 286_2428
...

(23 row(s) affected)

在 SELECT 语句中,需要列出多少个字段就可以列出多少,字段名用逗号隔开。也可以用星号(*)从一个表中取出所有的字段,如:

```
SELECT * FROM  authors
```

该 SELECT 语句执行后,表中所有字段的值都被取出。

3.3.3　操作多个表

到现在为止,只尝试了用一句 SQL 查询从一个表中取出数据。也可以用一个 SELECT 语句同时从多个表中取出数据,只需在 SELECT 语句的 FROM 从句中列出要取出数据的表名称即可:

```
SELECT au_lname,title FROM authors,titles
```

该 SELECT 语句执行时,同时从表 authors 和表 titles 中取出数据。从表 authors 中取出所有的作者名字,从表 titles 中取出所有的书名。执行该查询,查看查询结果,会发现一些出乎意料的情况:作者的名字并没有和他们所著的书相匹配,而是出现了作者名字和书名的所有可能的组合。问题在于没有指明这两个表之间的关系,没有通过任何方式告诉 SQL 如何把表和表关联在一起。由于不知道如何关联两个表,因此服务器只能简单地返回取自两个表中记录的所有可能的组合。

要从两个表中选出有意义的记录组合,需要通过建立两个表中字段的关系来关联两个表。要做到这一点,途径之一是创建第 3 个表,专门用来描述另外两个表的字段之间的关系。

表 authors 有一个名为 au_id 的字段,包含每个作者的唯一标识。表 titles 有一个名为 title_id 的字段,包含每个书名的唯一标识。如果能在字段 au_id 和字段

title_id 之间建立一个关系，就可以关联这两个表。数据库 pubs 中有一个名为 titleauthor 的表，其正是用来完成这一工作。表中的每个记录包括两个字段，用来把表 titles 和表 authors 关联在一起。下面的 SELECT 语句使用了这 3 个表，以得到正确的结果：

```
SELECT   au_name,title FROM authors,titles,titleauthor
WHERE authors.au_id = titleauthor.au_id
AND titles.title_id = titleauthor.title_id
```

当该 SELECT 语句执行时，每个作者都将与正确的书名相匹配。表 titleauthor 指明了表 authors 和表 titles 的关系，它通过包含分别来自两个表的各一个字段实现这一点。第 3 个表的唯一目的是在另外两个表的字段之间建立关系，其本身不包含任何附加数据。

注意在该示例中字段名是如何书写的。为了区别表 authors 和表 titles 中相同的字段名 au_id，每个字段名前面都加上了表名前缀和一个句点。名为 author.au_id 的字段属于表 authors，名为 titleauthor.au_id 的字段属于表 titleauthor，两者不会混淆。

通过使用第 3 个表，人们可以在两个表的字段之间建立各种类型的关系。例如，一个作者也许写了不同的书，或者一本书也许由许多不同的作者共同完成。当两个表的字段之间有这种"多对多"的关系时，就需要使用第 3 个表来指明这种关系。

但是，在许多情况下，两个表之间的关系并不复杂。例如，需要指明表 titles 和表 publishers 之间的关系，因为一般一个书名不可能与多个出版商相匹配，就不需要通过第 3 个表来指明这两个表之间的关系。要指明表 titles 和表 publishers 之间的关系，只要让这两个表有一个公共的字段即可。在数据库 pubs 中，表 titles 和表 publishers 都有一个名为 pub_id 的字段。如果想得到书名及其出版商的一个列表，可以使用如下语句：

```
SELECT title,pub_name FROM titles,publishers
WHERE titles.pub_id = publishers.pub_id
```

当然，如果一本书是由两个出版商联合出版的，那么需要第 3 个表来代表这种关系。

通常，当人们预先知道两个表的字段间存在"多对多"关系时，就使用第 3 个表来关联这两个表；反之，如果两个表的字段间只有"一对一"或"一对多"关系，就可以使用公共字段来关联它们。

3.3.4 操作字段

通常，当人们从一个表中取出字段值时，该值与创建该表时所定义的字段名联

系在一起。如果人们从表 authors 中选择所有的作者名字，所有的值将会与字段
名 au_lname 相联系。但是，在某些情况下，就需要对字段名进行操作。在
SELECT 语句中，可以在默认字段名后面仅跟一个新名字来取代它。例如，可以用
一个更直观易读的名字 Author Last Name 来代替字段名 au_lname：

```
SELECT au_lname "Author Last Name" FROM authors
```

当该 SELECT 语句执行时，来自字段 au_lname 的值会与 Author Last Name
相联系。其查询结果如下：

```
Author Last Name
.......................................................
White
Green
Carson
O'Leary
Straight
...

(23 row(s)affected)
```

注意字段标题不再是 au_lname，而是被 Author Last Name 所取代。

也可以通过执行运算来操作从一个表返回的字段值。例如，如果人们想把表
titles 中的所有书的价格加倍，就可以使用下面的 SELECT 语句：

```
SELECT price * 2 FROM titles
```

当该查询执行时，每本书的价格从表中取出时都会加倍。但是，通过这种途径
操作字段不会改变存储在表中的书价。对字段的运算只会影响 SELECT 语句的
输出，而不会影响表中的数据。为了同时显示书的原始价格和涨价后的新价格，可
以使用下面的语句查询：

```
SELECT price "Original price",price * 2 "New price" FROM titles
```

当数据从表 titles 中取出时，原始价格显示在标题 Original price 下面，加倍后
的价格显示在标题 New price 下面。其查询结果如下：

```
Original price        New price
.....................................................
19.99                 39.98
11.95                 23.90
2.99                  5.98
19.99                 39.98
```

...

(18 row(s) affected)

人们可以使用大多数标准的数学运算符来操作字段值,如加(＋)、减(－)、乘(＊)和除(/),也可以一次对多个字段进行运算,例如:

SELECT price＊ytd_sales "total revenue" FROM titles

在该示例中,通过把价格与销售量相乘,计算出每种书的总销售额。该SELECT语句的查询结果如下:

total   revenue
··
81,859,05
46,318,20
55,978,78
81,859,05
40,619,68
...
(18 row(s) affected)

最后,还可以使用连接运算符(看起来像一个加号)连接两个字符型字段:

SELECT au_fname＋" "＋au_lname "author name" FROM authors

在该示例中,人们把字段 au_fname 和字段 au_lname 粘贴在一起,中间用一个空格隔开,并把查询结果的标题指定为 author name。其查询结果如下:

author names
··
Johnson White
Marjorie Green
Cheryl Carson
Michael O'Leary
Dean Straight
...
(23 row(s) affected)

可以看到,SQL 提供了对查询结果的许多控制。

3.3.5 排序查询结果

前文曾强调过,SQL 表没有内在的顺序。例如,从一个表中取第二个记录是没有意义的。从 SQL 的角度来看,没有一个记录在任何其他记录之前。

　　然而,人们可以操纵一个 SQL 查询结果的顺序。在默认情况下,当记录从表中取出时,记录不以特定的顺序出现。例如,当从表 authors 中取出字段 au_lname 时,查询结果如下:

```
au_lname
....................................
White
Green
Carson
O'Leary
Straight
...
(23 row(s)affected)
```

　　看一列没有特定顺序的名字是很不方便的,如果把这些名字按字母顺序排列,读起来就会容易得多。通过使用 ORDER BY 子句,人们可以强制一个查询结果按升序排列。例如:

```
SELECT au_lname FROM authors ORDER BY au_lname
```

　　当该 SELECT 语句执行时,作者名字将按字母顺序排列。ORDER BY 子句将作者名字按升序排列。

　　也可以同时对多个列使用 ORDER BY 子句。例如,如果想同时按升序显示字段 au_lname 和字段 au_fname,需要对两个字段都进行排序:

```
SELECT au_lname,au_fname FROM authors ORDER BY au_lname,au_fname
```

　　该查询首先把结果按 au_lname 字段进行排序,然后按字段 au_fname 排序。记录将按如下顺序取出:

```
au_lname            au_fname
.............................................
Bennet              Abraham
Ringer              Albert
Ringer              Anne
Smith               Meander
...
(23 row(s)affected)
```

　　注意有两个作者有相同的名字 Ringer,名为 Albert Ringer 的作者出现在名为 Anne Ringer 的作者之前,这是因为 Albert 按字母顺序应排在 Anne 之前。

　　如果把查询结果按降序排列,则使用关键字 DESC,如下例所示:

```
SELECT au_lname,au_fname FROM authors WHERE au_lname = "Ringer"
ORDER BY au_lname,au_fname DESC
```

该查询从表 authors 中取出所有名字为 Ringer 的作者记录, ORDER BY 子句根据作者的名字和姓将查询结果按降序排列。其查询结果如下:

```
au_lname            au_fname
..............................................................
Ringer              Anne
Ringer              Albert
(2 row(s) affectec)
```

也可以按数值型字段对一个查询结果进行排序。例如,如果想按降序取出所有书的价格,可以使用如下 SQL 查询:

```
SELECT price FROM titles ORDER BY price DESC
```

注意:不是特别需要时,不要对查询结果进行排序,因为服务器完成这项工作要花费一定的时间。这意味着带有 ORDER BY 子句的 SELECT 语句执行起来比一般的 SELECT 语句花的时间长。

3.3.6　取出互不相同的记录

一个表有可能在同一列中有重复的值。例如,数据库 pubs 的表 authors 中有两个作者的名字是 Ringer,如果从该表中取出所有的名字,名字 Ringer 将会显示两次。

如果只想从一个表中取出互不相同的值,通过在 SELECT 语句中包含关键字 DISTINCT,可以删除所有重复的值。下面这个 SELECT 语句执行时,只返回一个记录:

```
SELCET DISTINCT au_lname FROM authors WHERE au_lname = "Ringer"
```

注意:如同 ORDER BY 子句一样,强制服务器返回互不相同的值也会增加运行开销。因此,不是必需的时候不要使用关键字 DISTINCT。

3.3.7　用 SQL 创建新表

数据库中的所有数据存储在表中。数据表包括行和列,其中列决定了表中数据的类型,行包含实际的数据。

注意:必须建立自己的数据库,因为不能向 master、tempdb 或任何其他系统数据库中添加数据。

在查询窗口中输入下面的 SQL 语句,单击执行查询按钮:

```
CREATE TABLE guestbook(visitor VARCHAR(20),comments TEXT,entrydate DATETIME)
```

如果一切正常,会在结果窗口中看到如下文字:

```
This command did not return data,and it did not return any rows.
```

此时,已经建立了第一个表,表名为 guestbook,该表有 3 个字段,即 visitor、comments 和 entrydate。可以用 CREATE TABLE 语句创建这个表,这个语句有两部分:第一部分指定表的名字;第二部分是括在括号中的各字段的名称和属性,相互之间用逗号隔开。

注意:每个字段名后面都跟一个字段的数据类型。数据类型决定了一个字段可以存储什么样的数据,如字段 comments 包含文本信息,其数据类型定义为文本型(TEXT)。

3.3.8 字段类型

不同的字段类型用来存放不同类型的数据。创建和使用表时,更应该理解 5 种常用的字段类型:字符型、文本型、数值型、逻辑型和日期型。

1. 字符型数据

当需要存储短的字符串信息时,就要用到字符型数据。要建立一个字段用来存储可变长度的字符串信息,可以使用表达式 VARCHAR。前面创建的表 guestbook 如下:

```
CREATE TABLE guestbook(visitor VARCHAR(20),comments TEXT,entrydate DATETIME)
```

在该示例中,字段 visitor 的数据类型为 VARCHAR,跟在数据类型后面的括号中的数字指定了该字段所允许存放的字符串的最大长度。此例中,字段 visitor 能存放的字符串最长为 20 个字符。如果名字太长,字符串会被截断,只保留 20 个字符。

VARCHAR 类型可以存储的字符串最长为 255 个字符。要存储更长的字符串数据,可以使用文本型数据。

另一种字符型数据用来存储固定长度的字符数据。下面是一个使用这种数据类型的示例:

```
CREATE TABLE guestbook(visitor CHAR(20),comments TEXT,entrydate DATETIME)
```

在该示例中,字段 visitor 被用来存储 20 个字符的固定长度字符串,表达式 CHAR 指定了该字段应该是固定长度的字符串。

VARCHAR 型和 CHAR 型数据的这一差别是细微的,但是非常重要。假如向一个长度为 20 个字符的 VARCHAR 型字段中输入数据 Bill Gates,以后从该字段中取出此数据时,取出的数据其长度为 10 个字符——字符串 Bill Gates 的长度。

假如把字符串输入一个长度为 20 个字符的 CHAR 型字段中，那么取出数据时，所取出的数据长度将是 20 个字符，字符串的后面会被附加多余的空格。

当人们建立自己的数据库时，会发现使用 VARCHAR 型字段要比 CHAR 型字段方便得多。使用 VARCHAR 型字段时，不需要为剪掉数据中多余的空格而操心。

VARCHAR 型字段的另一个突出的优势是它比 CHAR 型字段占用更少的内存和硬盘空间。当数据库很大时，这种内存和磁盘空间的节省会变得非常重要。

2. 文本型数据

字符型数据限制了字符串的长度不能超过 255 个字符。而使用文本型数据，可以存放超过 20 亿个字符的字符串。因此，当需要存储大串的字符时，应该使用文本型数据。例如：

```
CREATE TABLE guestbook(visitor VARCHAR(20),comments TEXT,entrydate DATETIME)
```

在该示例中，字段 comments 被用来存放访问者对网站的意见。注意，文本型数据没有长度，而上文中所讲的字符型数据是有长度的。一个文本型字段中的数据通常要么为空，要么很大。但是，无论何时，只要能避免使用文本型字段，就应该不使用它。文本型字段既大且慢，滥用文本型字段会使服务器速度变慢。另外，文本型字段还会占用大量的磁盘空间。

警告：一旦向文本型字段中输入了任何数据（甚至是空值），就会有 2 KB 的空间被自动分配给该数据。除非删除该记录，否则无法收回这部分存储空间。

3. 数值型数据

当需要在表中存放数字时，要使用整型（INT 型）数据。INT 型数据的范围是 -2147483647～+2147483647 的整数。下面是一个如何使用 INT 型数据的示例：

```
CREATE TABLE visitlog(visitor VARCHAR(20),numvisits  INT)
```

该表可以用来记录网站被访问的次数。只要访问站点没有超过 2147483647 次，numvisits 字段就可以存储访问次数。

为了节省内存空间，可以使用 SMALLINT 型数据。SMALLINT 型数据可以存储 -32768～+32768 的整数。这种数据类型的使用方法与 INT 型完全相同。如果实在需要节省空间，可以使用 TINYINT 型数据。同样，这种类型的使用方法也与 INT 型相同，不同的是这种类型的字段只能存储 0～255 的整数。TINYINT 型字段不能用来存储负数。通常，为了节省空间，应该尽可能地使用最小的整型数据。一个 TINYINT 型数据只占用 1 字节，一个 INT 型数据占用 4 字节，这看起来似乎差别不大，但是在比较大的表中，字节数的增长是很快的。

为了能对字段所存放的数据有更多的控制，可以使用 NUMERIC 型数据来同时表示一个数的整数部分和小数部分。NUMERIC 型数据能表示非常大的数——比 INT 型数据要大得多。一个 NUMERIC 型字段可以存储−1038～+1038 范围内的数。NUMERIC 型数据还能表示有小数部分的数。例如,可以在 NUMERIC 型字段中存储小数 3.14。当定义一个 NUMERIC 型字段时,需要同时指定整数部分的大小和小数部分的大小。一个 NUMERIC 型数据的整数部分最大只能有 28 位,小数部分的位数必须不大于整数部分的位数,小数部分可以是零。例如:

```
CREATE TABLE numeric_data(bignumber NUMERIC(28,0),  fraction NUMERIC(5,4))
```

当该语句执行时,将创建一个名为 numeric_data 的包含两个字段的表。字段 bignumber 可以存储 28 位的整数,字段 fraction 可以存储有 5 位整数部分和 4 位小数部分的小数。

可以使用 INT 型或 NUMERIC 型数据来存储钱数。但是,专门有另外两种数据类型用于此目的,可以使用 MONEY 数据类型存储金钱数据;可以使用 SMALLMONEY 型数据。MONEY 型数据存储 −922337203685477.5808～+922337203685477.5807的钱数。如果需要存储比这还大的金额,则可以使用 NUMERIC 型数据。

SMALLMONEY 型数据只能存储−214748.3648～+214748.3647 的钱数。同样,如果可以,应该用 SMALLMONEY 型数据来代替 MONEY 型数据,以节省空间。下面的示例显示了如何使用这两种表示钱的数据类型:

```
CREATE TABLE products(product VARCHAR(40),price MONEY,  Discount_price SMALLMONEY)
```

该表可以用来存储商品的折扣和普通售价。字段 price 的数据类型是 MONEY,字段 Discount_price 的数据类型是 SMALLMONEY。

4. 存储逻辑值

如果使用复选框从网页中搜集信息,可以把此信息存储在 BIT 型字段中。BIT 型字段只能取两个值:0 或 1。例如:

```
CREATE TABLE opinion(visitor VARCHAR(40),good BIT)
```

该表可以用来存放对网站进行民意调查所得到的信息。访问者可以投票表示他们是否喜欢网站,如果他们投 YES,就在 BIT 型字段中存入 1;反之,如果他们投 NO,就在字段中存入 0。

注意:在创建好一个表之后,就不能向表中添加 BIT 型字段。如果希望一个表中包含 BIT 型字段,则必须在创建表时完成。

5. 存储日期和时间

存储日期和时间需要使用 DATETIME 型数据,示例如下:

```
CREATE TABL visitorlog(visitor VARCHAR(40),arrivaltime DATETIME,departuretime DATE-
```

TIME)

该表可以用来记录访问者进入和离开网点的时间和日期。一个 DATETIME 型的字段可以存储的日期范围是从 1753 年 1 月 1 日第一毫秒到 9999 年 12 月 31 日最后一毫秒。

如果不需要覆盖这么大范围的日期和时间,可以使用 SMALLDATETIME 型数据。它与 DATETIME 型数据使用方式相同,只不过其能表示的日期和时间范围比 DATETIME 型数据小,且不如 DATETIME 型数据精确。一个 SMALLDA-TETIME 型的字段能够存储 1900 年 1 月 1 日~2079 年 6 月 6 日的日期,其只能精确到秒。DATETIME 型字段在输入日期和时间之前并不包含实际的数据。

3.3.9 字段属性

上文介绍了如何建立包含不同类型字段的表。本小节将介绍如何使用字段的 3 个属性,这些属性允许人们控制空值(NULL)、默认值和标识值。

1. 允许和禁止空值

大多数字段可以接受空值。当一个字段接受了空值后,如果不改变它,它将一直保持空值。空值和零是不同的,空值表示没有任何值。为了允许一个字段接受空值,要在字段定义的后面使用表达式 NULL。例如,下面的表中两个字段都允许接受空值:

```
CREATE TABLE empty(empty1 CHAR(40)NULL,empty2 INT NULL)
```

注意:BIT 型数据不能是空值。一个这种类型的字段必须取 0 或者 1。

有时需要禁止一个字段使用空值。例如,假设有一个表存储着信用卡号码和信用卡有效日期,为了强制两个字段都输入数据,可以用下面的方法建立这个表:

```
CREATE TABLE creditcards(creditcard_number CHAR(20) NOT NULL, Creditcard_expire
DATETIME NOT NULL)
```

注意:字段定义的后面跟有表达式 NOT NULL。通过包含表达式 NOT NULL,可以禁止任何人只在一个字段中插入数据,而不输入另一个字段的数据。

2. 缺省值

假设有一个存储地址信息的表,该表的字段包括街道、城市、州、邮政编码和国家。如果预计地址的大部分是在中国,可以把该值作为 country 字段的值。

在创建一个表时指定默认值,可以使用表达式 DEFAULT。例如:

```
CREATE TABLE addresses(street VARCHAR(60)NULL,
                city VARCHAR(40)NULL,
                state VARCHAR(20)NULL,
```

```
            zip VARCHAR(20)NULL,
            country VARCHAR(30)DEFAULT'CHINA')
```

在该示例中,字段 country 的默认值被指定为中国(CHINA)。注意单引号的使用,引号指明这是字符型数据。如果给非字符型的字段指定默认值,则不要把该值扩在引号中。下面这个示例中,每个字段都指定了一个默认值:

```
CREATE TABLE orders(price MONEY DEFAULT $38.00,
quantity INT DEFAULT 50,
entrydate DATETIME DEFAULT GETDATE())
```

注意:DATETIME 型字段 entrydate 所指定的默认值是 GETDATE()函数的返回值,该函数返回当前的日期和时间。

3. 标识字段

每个表可以有一个也只能有一个标识字段。一个标识字段是唯一标识表中每条记录的特殊字段。例如,数据库 pubs 中表 jobs 包含一个唯一标识字段:

job_id	job_desc
1	New Hire Job not specified
2	Chief Executive officer
3	Business Operations Manager
4	Chief Financial Officers
5	Publisher

字段 job_id 为每个工作提供了唯一的一个数字。如果决定增加一个新工作,则新增记录的 job_id 字段会被自动赋给一个新的唯一值。

建立标识字段,只须在字段定义后面加上表达式 IDENTITY 即可。只能把 NUMERIC 型或 INT 型字段设为标识字段,如:

```
CREATE TABLE visitorID(theID NUBERIC(18)IDENTITY,name VARCHAR(40))
```

该语句所创建的表包含一个名为 theID 的标识字段。每当一个新的访问者名字添加到该表中时,该字段就被自动赋给一个新值。人们可以用该表为站点的每一个用户提供唯一标识。

注意:建立一个标识字段时,应使用足够大的数据类型。例如,使用 TINYINT 型数据,那么只能向表中添加 255 个记录;如果预计一个表可能会变得很大,应该使用 NUMERIC 型数据。

3.3.10　删除表

要删除一个表,可以使用 SQL 语句 DROP TABLE。例如,从数据库中彻底删除表 mytable，要使用如下语句：

```
DROP TABLE mytable
```

注意：使用 DROP TABLE 命令时一定要小心，一旦一个表被删除之后，将无法恢复它。

如果想清除表中的所有数据但不删除这个表，可以使用 TRUNCATE TABLE 语句。例如，下面的这个 SQL 语句可以从表 mytable 中删除所有数据：

```
TRUNCATE TABLE mytable
```

3.3.11　修改表

使用 SQL 语句 ALTER TABLE 可以修改表结构。下面这个语句向表 mytable 中增加了一个新字段 mynewcolumn：

```
ALTER TABLE mytable ADD mynewcolumn INT NULL
```

当增加新字段时，必须允许它接受空值，因为表中原来可能已经有了许多记录。

3.4　SQL 核心操作语句

3.4.1　添加数据

向表中添加一个新记录，可以使用 INSERT 语句。例如：

```
INSERT mytable(mycolumn)VALUES(' some data')
```

该语句把字符串"some data"插入表 mytable 的 mycolumn 字段中。将要被插入数据的字段的名字在第一个括号中指定，实际的数据在第二个括号中给出。INSERT 语句的完整语法如下：

```
INSERT [INTO] {table_name|view_name} [(column_list)] {DEFAULT VALUES |Values_
list | select_statement}
```

如果一个表有多个字段，通过把字段名和字段值用逗号隔开，可以向所有的字段中插入数据。假设表 mytable 有 3 个字段，即 first_column、second_column 和 third_column，下面的 INSERT 语句添加了一条 3 个字段都有值的完整记录：

```
INSERT mytable(first_column,second_column,third_column)
VALUES(' some data',' some more data',' yet more data')
```

如果在 INSERT 语句中只指定两个字段和数据会怎么样呢？换句话说，向一个表中插入一条新记录，但有一个字段没有提供数据，在这种情况下，有下面 4 种可能：

（1）如果该字段有一个默认值，则该值会被使用。例如，假设插入新记录时没有给字段 third_column 提供数据，而该字段有一个默认值"some value"，在这种情况下，当新记录建立时会插入值"some value"。

（2）如果该字段可以接受空值，而且没有默认值，则会被插入空值。

（3）如果该字段不能接受空值，而且没有默认值，就会出现错误信息：The column in table mytable may not be null。

（4）如果该字段是一个标识字段，那么会自动产生一个新值。当向一个有标识字段的表中插入新记录时，只要忽略该字段，标识字段就会给自己赋一个新值。

3.4.2　删除记录

要从表中删除一个或多个记录，需要使用 DELETE 语句。可以给 DELETE 语句提供 WHERE 子句，WHERE 子句用来选择要删除的记录。例如，下面的这个 DELETE 语句只删除字段 first_column 的值等于"Delete Me"的记录：

```
DELETE mytable WHERE first_column ='Delete Me'
```

DELETE 语句的完整语法如下：

```
DELETE [FROM]  ⟨table_name|view_name⟩  [WHERE clause]
```

在 SELECT 语句中可以使用的条件都可以在 DELECT 语句的 WHERE 子句中使用。如果不给 DELETE 语句提供 WHERE 子句，则表中的所有记录都将被删除。

3.4.3　更新记录

要修改表中已经存在的一条或多条记录，应使用 UPDATE 语句。同 DELETE 语句一样，UPDATE 语句可以使用 WHERE 子句来选择更新满足条件的记录。例如：

```
UPDATE mytable SET first_column ='Updated! '
WHERE second_column ='Update Me! '
```

该 UPDATE 语句更新所有 second_column 字段的值为"Update Me!"的记录。对所有被选中的记录，字段 first_column 的值被改为"Updated!"。UPDATE 语句的完整语法如下：

```
UPDATE ⟨table_name|view_name⟩ SET [⟨table_name|view_name⟩]
```

{column_list|variable_list|variable_and_column_list}
[,{column_list2|variable_list2|variable_and_column_list2}…[,{column_listN|
variable_listN|variable_and_column_listN}]]

[WHERE clause]

如果不提供 WHERE 子句,则表中的所有记录都将被更新。例如,如果想把表 titles 中所有书的价格加倍,也可以同时更新多个字段。例如,下面的 UPDATE 语句同时更新 first_column、second_column 和 third_column 3 个字段:

```
UPDATE mytable SET first_column = 'Updated! ',
                   second_column = 'Updated! ',
                   third_column = 'Updated! '
                   WHERE first_column = 'Update Me! '
```

技巧:SQL 忽略语句中多余的空格。可以把 SQL 语句写成任何最容易读的格式。

3.4.4　用 SELECT 创建记录和表

INSERT 语句与 DELETE 语句和 UPDATE 语句有一点不同,它一次只操作一个记录。然而,有一个方法可以使 INSERT 语句一次添加多个记录。要做到这一点,需要把 INSERT 语句与 SELECT 语句结合起来。例如:

```
INSERT mytable(first_column,second_column)
SELECT another_first,another_second FROM anothertable
WHERE another_first = 'Copy Me! '
```

该语句从 anothertable 复制记录到 mytable,只有表 anothertable 中字段 another_first 的值为"Copy Me!"的记录才被复制。

当为一个表中的记录建立备份时,这种形式的 INSERT 语句是非常有用的。在删除一个表中的记录之前,可以先用这种方法把它们复制到另一个表中。

如果需要复制整个表,可以使用 SELECT ＊ INTO 语句。例如,下面的语句创建了一个名为 newtable 的新表,该表包含表 mytable 的所有数据:

```
SELECT ＊ INTO newtable FROM mytable
```

也可以指定特定的字段被用来创建新表,只需在字段列表中指定想要复制的字段即可。另外,也可以使用 WHERE 子句限制复制到新表中的记录。下面的示例只复制字段 second_columnd 的值等于"Copy Me!"的记录的 first_column 字段:

```
SELECT first_column INTO newtableFROM mytable
WHERE second_column = 'Copy Me! '
```

本章小结

本章用通俗易懂的语言详细介绍了 SQL 的基本知识。通过本章学习,读者可以学会如何插入、删除和更新一个表中的数据,如何使用集合函数得到一个表中数据的统计信息。在讲解 SQL 的同时,本章进一步介绍了关系数据库的有关概念。

SQL 集数据定义、数据操纵和数据控制于一体,可以完成数据库中的全部工作。所以,学好 SQL 是学好关系型数据库原理及应用的必经之路。

习　题

一、选择题

1. 下列 SQL 语句中,(　　)不是数据操纵语句。

A. INSERT　　　　B. CREATE　　　　C. DELETE　　　　D. UPDATE

2. 在 SQL 的 SELECT 语句中,能实现投影操作的是(　　)。

A. SELECT　　　　B. FROM　　　　C. WHERE　　　　D. GROUP BY

3. SQL 集数据查询、数据操纵、数据定义和数据控制功能于一体,ALTERTABLE 语句可实现(　　)功能。

A. 数据查询　　　　B. 数据操纵　　　　C. 数据定义　　　　D. 数据控制

4. SQL 使用(　　)语句为用户授予系统权限或对象权限。

A. SELECT　　　　B. CREATE　　　　C. GRANT　　　　D. REVOKE

5. 若用如下 SQL 语句创建了一个表 S:

```
CREATE TABLE S(SNo CHAR(6)NOT NULL,SName CHAR(8)  NOT NULL,
               SEX CHAR(2),AGE INTEGER)
```

现向 S 表插入如下行时(　　)行可以被插入。

A. ('991001','李明芳',女,'23')

B. ('990746','张为',NULL,NULL)

C. (NULL,'陈道一','男',32)

D. ('992345',NULL,'女',25)

6. 假定学生关系是 S(SNo,SName,Sex,Age),课程关系是 C(CNo,CName,Teacher),学生选课关系是 SC(SNo,CNo,Grade),要查找选修"数据库"课程的"男"学生姓名,将涉及的关系是(　　)。

A. S　　　　B. SC,C　　　　C. $S、SC$　　　　D. $S、C、SC$

7. 在 SQL 中,修改数据表结构应使用的命令是(　　)。

A. ALTER　　　　B. CREATE　　　　C. CHANGE　　　　D. DELETE

8. SQL 按照用途可以分为 3 类,下面选项中(　　)不符合。

A. DML   B. DCL   C. DQL   D. DDL

9. 下面属于数据定义功能的 SQL 语句是（　　）。

A. CREATE TABLE   B. DROP

C. UPDATE   D. ALTER TABLE

10. 用于删除表中所有数据行的命令是（　　）。

A. DELETE TABLE   B. TRUNCATE TABLE

C. DROP TABLE   D. ALTER TABLE

二、填空题

1. SQL 是_____的缩写。

2. SQL 的功能包括_____、_____、_____和_____ 4 个部分。

3. GROUP BY 的作用是_____。

4. 设有学生关系表 S(No, Name, Sex, Age)，其中 No 为学号，Name 为姓名，Sex 为性别，Age 为年龄。根据以下问题，写出对应的 SQL 语句。

(1)向关系表 S 中增加一名新学生,该学生的学号是"990010",姓名是"李国栋",性别是"男",年龄是"19 岁"。_____

(2)向关系表中增加一名新学生,该学生的学号是"990011",姓名是"王大友"。_____

(3)从学生关系表 S 中将学号为"990009"的学生的姓名改为"陈平"。_____

(4)从学生关系表 S 中删除学号为"990008"的学生。_____

(5)从学生关系表 S 中删除所有姓氏为"陈"的学生。_____

实　验

按照本章讲解的顺序,依次操作所有例题,加深对 SQL 的掌握和应用。

第4章　SQL Server 2012

SQL Server 是 Microsoft 公司推出的关系型数据库管理系统,具有使用方便、可伸缩性好、与相关软件集成程度高等优点,可在运行 Microsoft Windows 98 的膝上型电脑、运行 Microsoft Windows 2012 的大型多处理器的服务器等多种平台使用。

4.1　SQL Server 2012 简介

Microsoft SQL Server 是一个全面的数据库平台,使用集成的商业智能(Business Intelligence,BI)工具,提供了企业级的数据管理。Microsoft SQL Server 数据库引擎为关系型数据和结构化数据提供了更安全可靠的存储功能,使用户可以构建和管理用于业务的高可用和高性能的数据应用程序。

SQL Server 2012 包含企业版(Enterprise)、标准版(Standard),另外新增了商业智能版。

4.2　SQL Server 2012 安装环境及安装步骤

4.2.1　安装环境

1. 硬件要求

计算机:Pentium III 或更高。

内存:最小为 1 GB,建议不小于 4 GB。

硬盘:至少 6.0 GB。

监视器:1024 像素×768 像素或更高分辨率。

2. 软件要求

(1)框架支持:.NET Framework 4.0 是安装 SQL Server 2012 必需的。

(2)软件:Microsoft Windows Installer 4.5 或更高版本。

Microsoft 数据访问组件(MDAC)2.8 SP1 或更高版本。

(3)操作系统:Windows XP Professional SP3 或更高版本。

4.2.2 安装步骤

(1)打开 Microsoft SQL Server 2012 安装包,双击安装文件 SETUP. exe 弹出,如图 4-1 所示。

图 4-1 SQL Server 安装界面

(2)继而进入图 4-2 所示的 SQL Server 安装中心,选择左侧的"安装"选项,单击图 4-3 右侧的"全新 SQL Server 独立安装或向现有安装添加功能"按钮。

图 4-2 SQL Server 安装中心

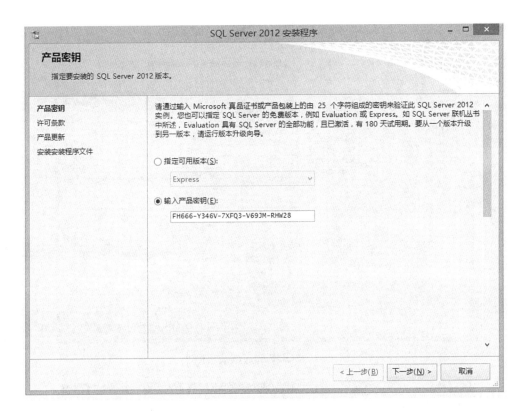

图 4-3　SQL Server 安装程序①

（3）出现产品密钥界面，指定要安装的版本并输入产品密钥（密钥是自动生成的），单击"下一步"按钮。

（4）出现许可条款界面，选中"我接受许可"复选框，继续单击"下一步"按钮。

（5）出现安装程序支持文件，单击图 4-4 中的"安装"按钮。

（6）仔细观察图 4-5 中操作完成时的结果，看是否有失败项，全部通过之后，单击"下一步"按钮。

（7）在图 4-6 中选中某个功能角色，以安装特定配置。

（8）安装完成后，出现图 4-7 所示的功能选择界面，选择需要的功能，单击"下一步"按钮。

（9）出现实例配置界面，选择"默认实例"，单击"下一步"按钮。

（10）出现磁盘空间要求界面，选择 SQL Server 功能所需的磁盘空间摘要，单击"下一步"按钮。

（11）转到服务器配置界面，指定服务账户和排序规则。

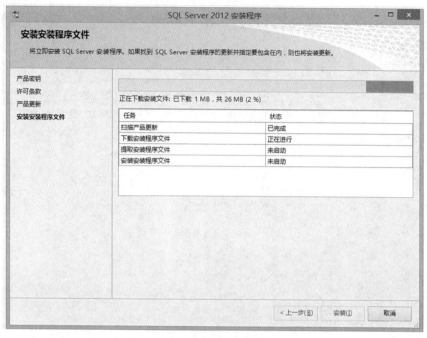

图 4 - 4　SQL Server 安装程序②

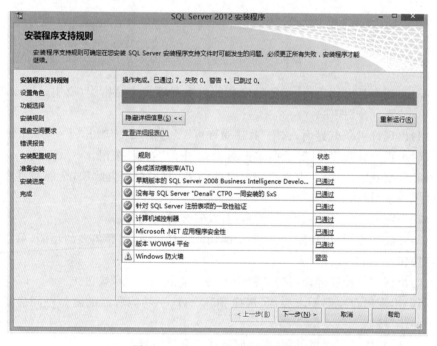

图 4 - 5　SQL Server 安装程序③

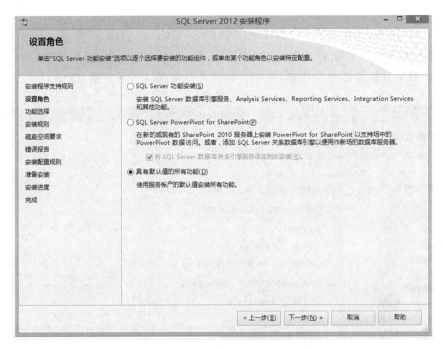

图 4 - 6　SQL Server 安装程序④

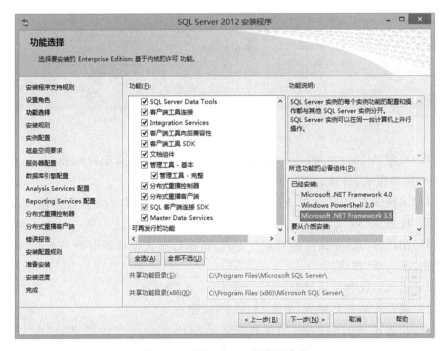

图 4 - 7　SQL Server 安装程序⑤

(12)单击界面中"对所有 SQL Server 服务使用相同的账户"按钮,弹出对话框,下拉账户名,选择 NT AUTHORITY\SYSTEM,单击"确定"按钮。出现图 4 - 8 所示的数据库引擎配置界面,选择混合模式,并单击"添加当前用户"按钮,指定数据库引擎身份验证安全模式、管理员和数据目录,单击"下一步"按钮。

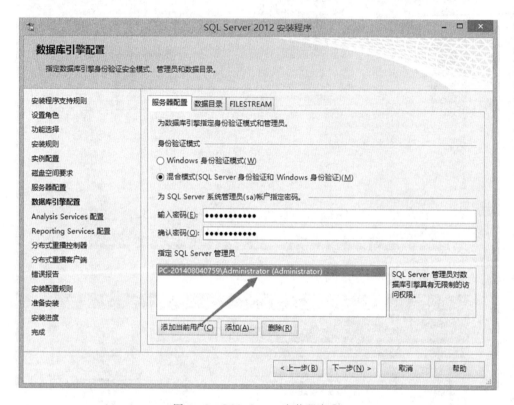

图 4 - 8　SQL Server 安装程序⑥

(13)出现 Analysis Services 配置界面,单击"添加当前用户",指定 Analysis Services 服务模式、管理员和数据目录,单击"下一步"按钮。

(14)出现图 4 - 9 所示的 Reporting Services 配置界面,指定其配置模式,单击"下一步"按钮。

(15)出现分布式重播控制器配置界面,指定分布式重播控制器服务的访问权限,单击"下一步"按钮。

(16)出现错误和使用报告界面,单击"下一步"按钮。

(17)出现安装规则界面,单击"下一步"按钮。

(18)出现准备安装界面,验证要安装的 SQL Server 2012 功能,单击"安装"按钮。

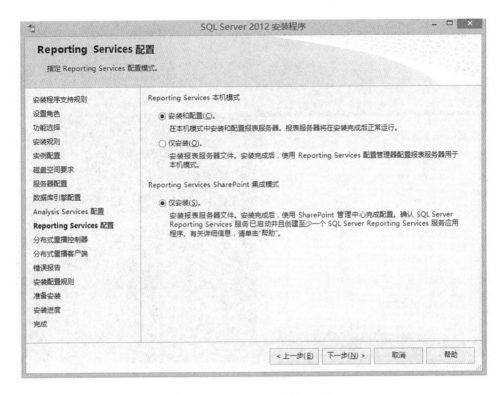

图 4 - 9　SQL Server 安装程序⑦

(19)安装完成后,转至安装完成界面,单击"关闭"按钮,完成安装。

(20)在"开始"菜单中可以找到刚刚安装完成的 SQL Server 2012。

4.3　SQL Server 2012 的主要组件

SQL Server 2012 提供了完善的管理工具套件,主要包括以下几部分。

1. SQL Server 数据库引擎

数据库引擎是 SQL Server 2012 系统的核心服务,负责完成数据的存储、处理和安全管理。

2. SQL Server Management Studio

SQL Server Management Studio 是一个集成环境,用于访问、配置、管理和开发 SQL Server 的所有组件。SQL Server Management Studio 组合了大量图形工具和丰富的脚本编辑器,使具有各种技术水平的开发人员和管理员都能访问 SQL Server。

选择"开始"→"所有程序"→"Microsoft SQL 2012"→"SQL Server Management Studio"命令,启动 Management Studio,打开如图 4 - 10 所示的界面。

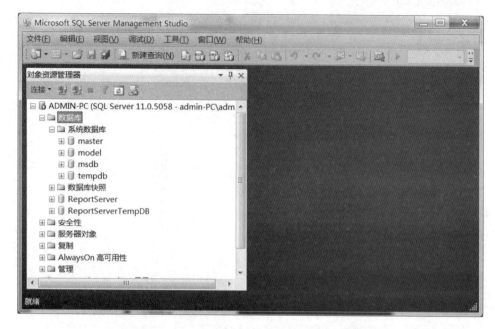

图 4 - 10   SQL Server Management Studio 界面

3. 分析服务

分析服务的主要作用是通过服务器和客户端技术的组合提供联机分析处理和数据挖掘功能。

4. 集成服务

集成服务可以高效地处理各种各样的数据源,如 SQL Server、Oracle、Excel、XML 文档、文本文件等。

5. 报表服务

报表服务是一种基于服务器的解决方案,用于生成从多种关系数据源提取内容的企业报表,发布能以各种格式查看的报表及集中管理安全性。

6. 配置管理器

SQL Server 配置管理器是一种工具,用于管理与 SQL Server 相关联的服务,需要配置 SQL Server 使用的网络协议及从 SQL Server 客户端计算机管理网络连接参数。

7. 数据库引擎优化顾问

借助数据库引擎优化顾问,用户不必精通数据库结构或深谙 SQL Server,即可选择和创建索引、索引视图和分区的最佳集合。

8. 联机丛书

SQL Server 联机丛书涵盖了有效使用 SQL Server 所需要的概念和过程。SQL Server 联机丛书还包括通过 SQL Server 存储、检索、报告和修改数据时所使用的语言和编程接口的参考资料。

4.4　数据库对象

SQL Server 数据库中的数据在逻辑上被组织成一系列对象。SQL Server 中有以下数据库对象:数据表、视图、索引、存储过程、触发器。

1. 数据表

数据表(简称表)是数据库的主要对象,它是一系列二维数组的集合,用于存储数据。

数据表由行和列构成,列表示同类信息,每列又称为一个字段,每列的标题称为字段名;行包含若干列,一行表示一条记录。

表由若干条记录组成,没有记录的表称为空表。

2. 视图

视图是由表或其他视图导出的虚拟表。视图也由行和列构成,列表示同类信息,每列又称为一个字段,每列的标题称为字段名;行包含若干列,一行表示一条记录。

能够对表进行的一些查询、插入、更新、删除操作同样适用于视图。

3. 索引

索引是对数据库表中一列或多列值进行排序的一种结构,它为数据快速检索提供支持且可以保证数据唯一性。

4. 存储过程

存储过程是为完成特定功能而汇集在一起的一组 T-SQL 语句,是经过编译后存储在数据库中的 SQL 程序。

5. 触发器

触发器是特殊的存储过程,当表中数据改变时,该存储过程被自动执行。

4.5　数据库的结构

SQL Server 2012 用文件存放数据库,数据库在硬盘上的存储方式和普通文件在 Windows 中的存储方式没有什么不同,仅仅是几个文件而已。数据库文件是存放数据库数据和数据库对象的文件。一个数据库可以有一个或多个数据库文件，一个数据库文件只属于一个数据库。

数据文件的组合称为文件组（File Group），数据库不能直接设置存储数据的数据文件，而是通过文件组来指定。SQL Server 通过管理逻辑上的文件组的方式来管理文件，因此我们看到的逻辑数据库由一个或者多个文件组构成。

数据库文件有以下 3 类：

（1）主数据库文件（Primary）：存放数据，每个数据库都必须有一个主数据文件。其扩展名为 MDF（Master Data File）。

（2）次数据库文件（Secondary）：存放数据，可以没有，也可以有多个次数据文件。其扩展名为 NDF。

（3）事务日志文件（Transaction Log）：存放事务日志，每个数据库必须有一个或多个事务日志文件。其扩展名为 LDF。

SQL Server 的数据存储在文件中，文件是实际存储数据的物理实体，文件组是逻辑对象，SQL Server 通过文件组来管理文件。

一个数据库有一个或多个文件组，主文件组（Primary File Group）是系统自动创建的，用户可以根据需要添加文件组。每一个文件组管理一个或多个文件，其中主文件组中包含主数据文件，该文件是系统默认生成的，并且在数据库中是唯一的；次数据库文件是用户根据需要添加的。主文件组中也可以包含次数据库文件，除了主文件组之外，其他文件组只能包含次数据库文件。

4.6　SQL Server 2012 的系统数据库

在 SQL Server 中，数据库可分为用户数据库和系统数据库。用户数据库是用户为实现特定用户需求而创建的数据库，主要用来存储用户的应用数据；系统数据库是在安装 SQL Server 时自动创建的，主要用来完成特定的数据库管理工作。

SQL Server 2012 的系统数据库主要有 master、model、msdb、tempdb 和 resource。

1. master

master 数据库是 SQL Server 中最重要的数据库，它记录了 SQL Server 系统中所有的系统信息，包括登录账户、系统配置和设置、服务器中数据库的名称、相关信息、数据库文件的位置及 SQL Server 初始化信息等。由于 master 数据库记录了很多重要的信息，一旦数据库文件损失或损毁，将对整个 SQL Server 系统的运行造成重大的影响,甚至使整个系统瘫痪,因此要经常对 master 数据库进行备份,以便在发生问题时对数据库进行恢复。

如果需要使用 master 数据库,则需要考虑以下措施:

(1)有一个当前数据库备份。

(2)创建、修改和删除数据库,更改服务器或数据库配置信息,增添或修改登录账户后,尽快备份 master 数据库。

(3)尽量不在 master 中创建用户对象。

(4)不要将 master 数据库的 TRUSTWORTHY 设置为 ON。

TRUSTWORTHY 属性可用于减少附加数据库所带来的某些隐患,该数据库包含下列对象之一:带有 EXTERNAL_ACCESS 或 UNSAFE 权限设置的有害程序集。

2. model

model 系统数据库是一个模板数据库,它包含建立新数据库时所需的基本对象,如系统表、查看表、登录信息等。在系统执行建立新数据库操作时,它会复制该模板数据库的内容到新的数据库上。由于所有新建立的数据库都是继承 model 数据库而来的,因此如果更改 model 数据库中的内容,如增加对象,则稍后建立的数据库也都会包含该变动。

model 系统数据库是 tempdb 数据库的基础。由于每次启动 SQL Server 时系统都会创建 tempdb 数据库,因此 model 数据库必须始终存在于 SQL Server 系统中。

3. msdb

msdb 数据库提供的"SQL Server 代理服务"在调度警报、作业及记录操作时使用。如果不使用这些 SQL Server 代理服务,就不会使用到该系统数据库。

SQL Server 代理服务是 SQL Server 中的一个 Windows 服务,用于运行任何已创建的计划作业。作业是指 SQL Server 中定义的能自动运行的一系列操作。例如,如果希望在每个工作日下班后备份公司所有服务器,就可以通过配置 SQL Server 代理服务使数据库备份任务在周一到周五的 21∶00 之后自动运行。

4. tempdb

tempdb 数据库是存在于 SQL Server 会话期间的一个临时性的数据库。tempdb 系统数据库是一个全局资源,可供连接到 SQL Server 的所有用户使用。tempdb 中的操作是最小日志记录操作,可以使事务产生回滚。一旦关闭 SQL Server,tempdb 数据库保存的内容将自动消失;重启动 SQL Server 时,系统将重新创建新的、空的 tempdb 数据库。因此,tempdb 数据库中的内容仅存于本次会话中,所以不允许对 tempdb 进行备份或还原。

tempdb 数据库保存的内容主要如下:

(1)显示创建的临时用户对象,如临时表,临时存储过程、表变量或游标。

(2)所有版本的更新记录,如修改事务生成的行版本。

(3) SQL Server 创建的内部工作表,如存储假脱机数据的工作表。

(4)创建或重新生成索引时,临时排序的结果。

5. resource

resource 数据库是只读数据库,包含 SQL Server 中所有系统对象。SQL Server 系统对象(如 sys. object 对象)在物理上持续存在于 resource 数据库中。resource 数据库不包含用户数据或用户元数据。

4.7 SQL Server 2012 的示例数据库

SQL Server 2012 提供了 AdventureWorks 示例数据库。与 SQL Server 2000 等早期版本不同,SQL Server 2012 默认并不安装示例数据库,若需安装则可以在微软官方下载。

SQL Server 2012 联机丛书基本以该数据库为例进行讲解,建议读者下载安装该示例数据库。

4.8 SQL Server 2012 的命名规则

SQL Server 为了完善数据库的管理机制,设计了严格的命名规则,用户在创建数据库及数据库对象时必须严格遵守 SQL Server 的命名规则。本节将对标识符、对象和实例的命名规则进行详细的介绍。

1. 标识符命名规则

在 SQL Server 中,服务器、数据库和数据库对象(如表、视图、列、索引、触发器、过程、约束和规则等)都有标识符,数据库对象的名称被看成该对象的标识符。大多数对象要求带有标识符,但有些对象(如约束)中的标识符是可选项。

对象标识符是在定义对象时创建的,标识符随后用于引用该对象。在定义标识符时必须遵守以下规定。

(1)标识符的首字符必须是下列字符之一:

① 统一码(Unicode)2.0 标准中定义的字母,包括拉丁字母 a~z 和 A~Z,以

及来自其他语言的字符。

② 下划线"_"、符号"@"或者数字符号"#"。

在 SQL Server 中,某些处于标识符开始位置的符号具有特殊意义。以符号"@"开始的标识符表示局部变量或参数;以一个数字符号"#"开始的标识符表示临时表或过程,如表"#gzb"就是一张临时表;以双数字符号"##"开始的标识符表示全局临时对象,如表"##gzb"就是全局临时表。某些 Transact-SQL 函数的名称以"@@"符号开始,为避免混淆,建议不要使用以"@@"开始的标识符名称。

(2)标识符的后续字符可以是以下 3 种:

① 统一码 2.0 标准中定义的字母。

② 来自拉丁字母或其他国家/地区脚本的十进制数字。

③ 符号"@"、美元符号"$"、数字符号"#"或下划线"_"。

(3)标识符不允许是 Transact-SQL 的保留字。

(4)不允许嵌入空格或其他特殊字符。

SQL Server 将标识符分为以下两种类型:

(1)常规标识符:符合标识符的格式规则。

(2)分隔标识符:包含在双引号(" ")或者方括号([])内的标识符。该标识符可以不符合标识符的格式规则,如[MR GZGLXT]中 MR 和 GZGLXT 之间含有空格,但因为使用了方括号,所以视为分隔标识符。

注意:常规标识符和分隔标识符包含的字符数必须为 1～128,对于本地临时表,标识符最多可以有 116 个字符。

2. 对象命名规则

SQL Server 的数据库对象的名字由 1～128 个字符组成,不区分大小写。标识符也可以作为对象的名称。

在一个数据库中创建了一个数据库对象后,数据库对象的完整名称应该由服务器名、数据库名、拥有者名和对象名 4 部分组成,其格式如下:

[[[server.][database].][owner_name].]object_name

服务器、数据库和所有者的名称即对象名称限定符。当引用一个对象时,不需要指定服务器、数据库和所有者,可以利用句号标出它们的位置,从而省略限定符。

注意:不允许存在 4 部分名称完全相同的数据库对象。在同一个数据库中可以存在两个名为 EXAMPLE 的表格,但前提必须是这两个表的拥有者不同。

3. 实例命名规则

SQL Server 2012 中,默认实例的名称采用计算机名,实例的名字一般由计算机名和实例名以<计算机名称>\<实例名称>格式进行标识,即 computer_name\instance_name,但该实例名不能超过 16 个字符。

4.9 创建数据库

4.9.1 用 Management Studio 创建数据库

(1)如图 4-11 所示,在对象资源管理器中右击"数据库"节点,在弹出的快捷菜单中选择"新建数据库"命令(图 4-12),即可打开新建数据库窗口(图 4-13)。

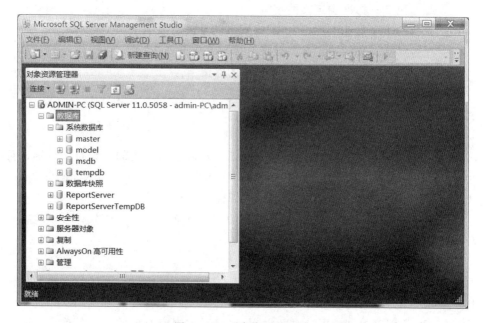

图 4-11 对象资源管理器

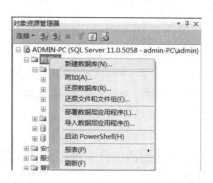

图 4-12 选择"新建数据库"命令

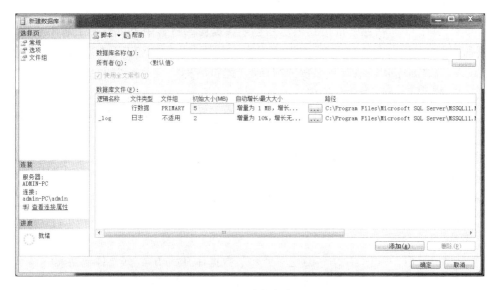

图 4 - 13 "新建数据库"窗口

　　(2)在图 4 - 13 中填写数据库名称,之后会生成两个数据库文件,单击"添加"按钮,可以添加更多自己需要的数据库文件。单击"确定"按钮,完成数据库的创建。

　　(3)右击数据库——刷新,可以看到刚创建好的数据库。

4.9.2 用 SQL 命令创建数据库

　　创建数据库的 SQL 命令的语法格式如下:

```
CREATE DATABASE 数据库名称
[ON
[FILEGROUP 文件组名称]
(NAME = 数据文件逻辑名称,
FILENAME = '路径 + 数据文件名', SIZE = 数据文件初始大小,
MAXSIZE = 数据文件最大容量,
FILEGROWTH = 数据文件自动增长容量,)]
[LOG ON
(NAME = 日志文件逻辑名称,
FILENAME = '路径 + 日志文件名', SIZE = 日志文件初始大小,
MAXSIZE = 日志文件最大容量,
FILEGROWTH = 日志文件自动增长容量,)]
[COLLATE 数据库校验方式名称]
```

[FOR ATTACH]

(1)用"[ ]"括起来的语句表示在创建数据库的过程中可以选用或者不选用。例如,在创建数据库的过程中,如果只用第一条语句"CREATE DATABASE 数据库名称",数据库管理系统将会按照默认的"逻辑名称""文件组""初始大小""自动增长""路径"等属性创建数据库。

(2)"FILEGROWTH"可以是具体的容量,也可以是 UNLIMITED,表示文件无增长容量限制。

(3)"数据库校验方式名称"可以是 Windows 校验方式名称,也可以是 SQL 校验方式名称。

(4)"FOR ATTACH"表示将已经存在的数据库文件附加到新的数据库中。

(5)用"( )"括起来的语句,除了最后一行命令之外,其余命令都用逗号作为分隔符。

[例 4-1] 用 SQL 命令创建一个教学数据库 Teach,数据文件的逻辑名称为 Teach_Data,数据文件存放在 E 盘根目录下,文件名为 TeachData. mdf,数据文件的初始存储空间大小为 10 MB,最大存储空间为 500 MB,存储空间自动增长量为 10 MB;日志文件的逻辑名称为 Teach_Log,日志文件存放在 D 盘根目录下,文件名为 TeachData. ldf,初始存储空间大小为 5 MB,最大存储空间为 500 MB,存储空间自动增长量为 5 MB。

(1)在图 4-14 所示的菜单栏中单击"新建查询"按钮,进入代码编辑界面,如图 4-15 所示。

图 4-14 单击"新建查询"按钮

(2)在图 4-15 界面里输入数据库创建语句,如下:

```
CREATE DATABASE Teach
ON
(   NAME = Teach_Data,
    FILENAME = 'D:\TeachData. mdf ',
    SIZE = 10,
```

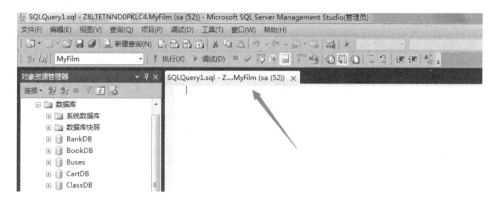

图 4-15　代码编辑界面

```
MAXSIZE = 500,
FILEGROWTH = 10)
LOG ON
(    NAME = Teach_Log,
FILENAME = 'D:\TeachData.ldf',
SIZE = 5,
MAXSIZE = 500,
FILEGROWTH = 5)
```

（3）选中要执行的语句，单击图 4-15 中的"执行"按钮，执行成功与否会有消息提示。

4.10　修改用户数据库

4.10.1　用 Management Studio 修改数据库

打开图 4-11 中的对象资源管理器，右击要修改的数据库，从弹出的快捷菜单中选择"属性"命令，即可调出"数据库属性"窗口，如图 4-16 所示。

（1）"常规"选项卡包含数据库的状态、所有者、创建日期、大小、可用空间、用户数、备份和维护等信息。

（2）"文件"选项卡包含数据文件和日志文件的名称、存储位置、初始容量大小、文件增长和文件最大限制等信息。

（3）"文件组"选项卡可以添加或删除文件组。但是，如果文件组中有文件则不能删除，必须先将文件移出文件组，才能删除文件组。

（4）"选项"选项卡可以设置数据库的许多属性，如排序规则、恢复模式、兼容级别等。

（5）"更改跟踪"选项卡可以设置是否对数据库的修改进行跟踪。

（6）"权限"选项卡可以设置用户或角色对此数据库的操作权限。

（7）"扩展属性"选项卡可以设置表或列的扩展属性。在设计表或列时，通常通过表名或列名来表达含义，当表名或列名无法表达含义时，就需要使用扩展属性。

（8）"镜像"选项卡可以设置是否对数据库启用镜像备份。镜像备份是一种高性能的备份方案，但需要投入一定的设备成本，一般用于高可靠性环境。

（9）"事务日志传送"选项卡可以设置是否启用事务日志传送。事务日志传送备份是仅次于镜像的高可靠性备份方案，可以达到分钟级的灾难恢复能力，实施成本远小于镜像备份，是一种经济实用的备份方案。

图 4-16 "数据库属性"窗口

4.10.2 用 SQL 命令修改数据库

可以使用 ALTER DATABASE 命令修改数据库。

注意：只有数据库管理员或者具有 CREATE DATABASE 权限的人员才有权执行此命令。

　　下面列出常用的修改数据库的 SQL 命令的语法格式：

```
ALTER DATABASE 数据库名称
ADD FILE(
          具体文件格式)
[,…n]
[TO FILEGROUP 文件组名]
|ADD LOG FILE(
          具体文件格式)
[,…n]
|REMOVE FILE 文件逻辑名称
|MODIFY FILE(
          具体文件格式)
|ADD FILEGROUP 文件组名
|REMOVE FILEGROUP 文件组名
|MODIFY FILEGROUP 文件组名
{ READ_ONLY|READ_WRITE,
      | DEFAULT,
      | NAME = 新文件组名}
)
```

　　其中，"具体文件格式"如下：

```
(   NAME = 文件逻辑名称
    [,NEWNAME = 新文件逻辑名称]
    [,SIZE = 初始文件大小]
    [,MAXSIZE = 文件最大容量]
    [,FILEGROWTH = 文件自动增长容量]
)
```

　　各主要参数说明如下：

　　(1) ADD FILE：向数据库中添加数据文件。

　　(2) ADD LOG FILE：向数据库中添加日志文件。

　　(3) REMOVE FILE：从数据库中删除逻辑文件，并删除物理文件。如果文件不为空，则无法删除。

　　(4) MODIFY FILE：指定要修改的文件。

　　(5) ADD FILEGROUP：向数据库中添加文件组。

　　(6) REMOVE FILEGROUP：从数据库中删除文件组。若文件组非空，则无法将其删除，需要先从文件组中删除所有文件。

（7）MODIFY FILEGROUP：修改文件组名称、设置文件组的只读（READ_ONLY）或者读写（READ_WRITE）属性、指定文件组为默认文件组（DEFAULT）。

（8）ALTER DATABASE：在数据库中添加或删除文件和文件组、更改数据库属性或其文件和文件组、更改数据库排序规则和设置数据库选项。

［例 4-2］ 修改 Teach 数据库中的 Teach_Data 文件增容方式为一次增加 20 MB。

```
ALTER DATABASE Teach
MODIFY FILE
(NAME = Teach_Data,
    FILEGROWTH = 20)
```

［例 4-3］ 用 SQL 命令修改数据库 Teach，添加一个次要数据文件，逻辑名称为 Teach_Datanew，存放在 E 盘根目录下，文件名为 Teach_Datanew.ndf。数据文件的初始大小为 100 MB，最大容量为 200 MB，文件自动增长容量为 10 MB。

```
ALTER DATABASE Teach
ADD FILE(
        NAME = Teach_Datanew,
        FILENAME = 'E:\Teach_Datanew.ndf',
        SIZE = 100,
        MAXSIZE = 200,
        FILEGROWTH = 10)
```

［例 4-4］ 用 SQL 命令从 Teach 数据库中删除例 4-3 中增加的次要数据文件。

```
ALTER DATABASE Teach REMOVE FILE Teach_Datanew
```

4.11 删除用户数据库

4.11.1 用 Management Studio 删除数据库

打开图 4-11 所示的对象资源管理器，右击要删除的数据库，从弹出的快捷菜单中选择"删除"命令。删除数据库后，与此数据库关联的数据文件和日志文件都会被删除，系统数据库中存储的该数据库的所有信息也会被删除，因此务必要慎重。

4.11.2　用 SQL 命令删除数据库

删除数据库的 SQL 命令的语法格式如下：

```
DROP DATABASE 数据库名称[,…n]
```

［例 4-5］　删除数据库 Teach。

```
DROP DATABASE Teach
```

4.12　迁移用户数据库

有时需要将数据库文件从一台计算机迁移到另外一台计算机上，以下介绍迁移数据库的两种常用方法。

1. 分离和加载

在对象资源管理器中选择要迁移的数据库节点，右击，在弹出的快捷菜单中选择"任务"→"分离"命令，弹出图 4-17 所示的"分离数据库"窗口，单击"确定"按钮，数据库文件就会从 SQL server 2012 中成功分离。

图 4-17　"分离数据库"窗口

之后,在对象资源管理器中选择数据库节点,右击,在弹出的快捷菜单中选择"附加"命令,弹出"附加数据库"窗口,单击"添加"按钮,在弹出的对话框中选择需要的.mdf文件,会得到图4-18所示的窗口,单击"确定"按钮,即可成功附加数据库文件。

图4-18 "附加数据库"窗口

2. 生成脚本

在对象资源管理器中选择要迁移的数据库节点,右击,在弹出的快捷菜单中选择"任务"→"生成脚本"命令,弹出图4-19所示的"生成和发布脚本"窗口。

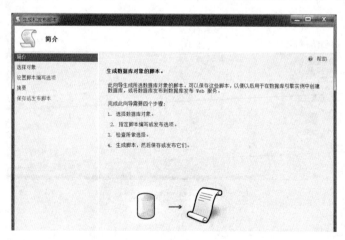

4.13　数据表的创建和使用

4.13.1　SQL Server 数据类型

关系表中的每一列(每个字段)属于同一种数据类型。创建数据表之前,需要为表中的每一个属性设置一种数据类型。SQL Server 中的数据类型见表 4 - 1～表 4 - 6 所列。

表 4 - 1　Character 字符串

数据类型	描　述	存　储
char(n)	固定长度的字符串。最多 8000 个字符	n
varchar(n)	可变长度的字符串。最多 8000 个字符	
varchar(max)	可变长度的字符串。最多 1073741824 个字符	
text	可变长度的字符串。最多 2 GB 字符数据	

表 4 - 2　Unicode 字符串

数据类型	描　述
nchar(n)	固定长度的 Unicode 数据。最多 4000 个字符
nvarchar(n)	可变长度的 Unicode 数据。最多 4000 个字符
nvarchar(max)	可变长度的 Unicode 数据。最多 536870912 个字符
ntext	可变长度的 Unicode 数据。最多 2 GB 字符数据

表 4 - 3　Binary 类型

数据类型	描　述
bit	允许 0、1 或 NULL
binary(n)	固定长度的二进制数据。最多 8000 字节
varbinary(n)	可变长度的二进制数据。最多 8000 字节
varbinary(max)	可变长度的二进制数据。最多 2 GB 字节
image	可变长度的二进制数据。最多 2 GB 字节

表 4 - 4　Number 类型

数据类型	描　述	存　储
tinyint	允许 0～255 的所有数字	1 字节
smallint	允许－32768～＋32767 的所有数字	2 字节
int	允许－2147483648～＋2147483647 的所有数字	4 字节
bigint	允许介于－9223372036854775808～＋9223372036854775807 的所有数字	8 字节
decimal(p,s)	固定精度和比例的数字。允许－10^{38}＋1～＋10^{38}－1 的数字。p 参数指示可以存储的最大位数(小数点左侧和右侧)，必须是 1～38 的值，默认是 18；s 参数指示小数点右侧存储的最大位数，必须是 0～p 的值，默认是 0	5～17 字节
numeric(p,s)	固定精度和比例的数字。允许－10^{38}＋1～＋10^{38}－1 的数字。p 参数指示可以存储的最大位数(小数点左侧和右侧)，必须是 1～38 的值，默认是 18；s 参数指示小数点右侧存储的最大位数，必须是 0～p 的值，默认是 0	5～17 字节
smallmoney	介于－214748.3648～＋214748.3647 的货币数据	4 字节
money	介于－922337203685477.5808～＋922337203685477.5807 的货币数据	8 字节
float(n)	－1.79E＋308～＋1.79E＋308 的浮动精度数字数据。参数 n 指示该字段保存 4 字节还是 8 字节。float(24)保存 4 字节，而 float(53)保存 8 字节。n 的默认值是 53	4 或 8 字节
real	－3.40E＋38～＋3.40E＋38 的浮动精度数字数据	4 字节

表 4 - 5　Date 类型

数据类型	描　述	存　储
datetime	1753 年 1 月 1 日～9999 年 12 月 31 日，精度为 3.33 ms	8 字节
datetime2	1753 年 1 月 1 日～9999 年 12 月 31 日，精度为 100 ns	6～8 字节
smalldatetime	1900 年 1 月 1 日～2079 年 6 月 6 日，精度为 1 min	4 字节
date	仅存储日期，0001 年 1 月 1 日～9999 年 12 月 31 日	3 字节
time	仅存储时间，精度为 100 ns	3～5 字节
datetimeoffset	与 datetime2 相同，外加时区偏移	8～10 字节
timestamp	存储唯一的数字，每当创建或修改某行时，该数字会更新。timestamp 基于内部时钟，不对应真实时间。每个表只能有一个 timestamp 变量	

表 4-6　其他数据类型

数据类型	描　述
sql_variant	存储最多 8000 字节不同数据类型的数据,除了 text、ntext 及 timestamp 外
uniqueidentifier	存储全局标识符(GUID)
xml	存储 XML 格式化数据。最多 2 GB 字节
cursor	存储对用于数据库操作的指针
table	存储结果集,供稍后处理

4.13.2　创建数据表

1. 用 Management Studio 创建数据表

(1)在图 4-20 所示的对象资源管理器中找到要添加数据表的数据库,在“表”节点上右击,从弹出的快捷菜单中选择“新建表”命令。

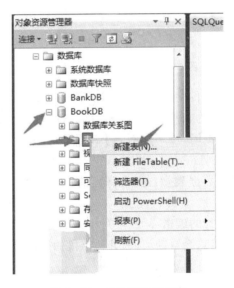

图 4-20　对象资源管理器

(2)出现图 4-21 所示的数据表创建编辑界面,在该界面中添加并编写需要的列名(对应表的字段名)、数据类型(可通过下拉菜单进行选择),并设置该字段是否可为空值。

列名:由用户命名,最长 128 个字符,可包含中文、英文、下画线、♯、货币符号

（¥）及@。同一表中不允许有重名的列。

数据类型：定义字段可存放数据的类型。

字段的长度、精度和小数位数：字段的长度指字段所能容纳的最大数据量，不同的数据类型其长度的意义不同。

允许空：当选中某个字段的"允许 Null 值"列时，表示该字段的值允许为 Null 值。

默认值：表示该字段的默认值。如果规定了默认值，在向数据表中输入数据时，如果没有给该字段输入数据，系统自动将默认值写入该字段。

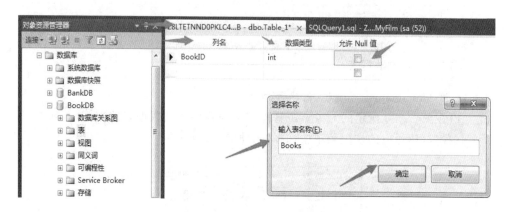

图 4-21　数据表创建编辑界面

（3）在需要设置为主键的字段上右击——"设置主键"，设置列属性中"标识规范"为"是"，即让该字段成为自增长字段，一般标识增量为 1（即每次自动增长 1），设置了自增长后，插入数据时，该字段不能手动赋值了，它会自动给值，设置该标识的数据类型一般为 int 类型。

（4）找到刚刚建好的数据表，右击，在弹出的快捷菜单中选择"编辑前 200 行"命令，进行数据的插入。

（5）出现编辑前 200 行的编辑界面，填写相关字段。注意，这里的字段 ID 设置了自增长，所以不必填写，它会自动填值；其他字段如果设置了可为空，也可以不填写，但不可为空的字段就必须填写。

2. 用 SQL 命令创建数据表

用 SQL 命令创建数据表的语法格式如下：

（1）单击"新建查询"按钮，出现一个编辑界面，在该界面中编写建表 SQL 语句。

（2）一般比较严谨的建表习惯是在创建表之前，先检测要建的表是否已经存在，以免发生冲突。其 SQL 语句如下：

CREATE TABLE<表名>(<列定义>[{, <列定义>|<表约束>}])

<列名><数据类型>[DEFAULT][{<列约束>}]

```
－－建表前的检测
if OBJECT_ID('Books')is not null      －－判断该表是否已经存在
    drop table Books                  －－存在则删除原有的表
go
```

（3）开始建表，具体 SQL 语句如下：

```
create table Books
(
ID int identity(1,1)primary key,      －－编号
Name nvarchar(10)not null,            －－书名
Price decimal(10,2)                   －－价格
)
```

这里只给了 3 个字段，编写字段时的规则如下：identity(1,1)是标识值，自增长为 1；primary key 将该字段设置为主键；not null 表示该字段不能为空，多个字段间用逗号隔开。写好建表语句之后，选中建表语句，单击"执行"按钮即可。创建成功会有消息界面提示"执行命令成功"，执行失败也会有相关的提示。

（4）向表格中插入数据，具体 SQL 语句如下：

```
insert into Books values('数据库原理与技术','69.9')
```

values()中的字段填写要按照建表时的字段顺序，ID 不用填写，直接跳过。可为空的字段可以直接写"null"，int 类型的字段可以直接写，string 类型等多数数据类型需要用单引号。

[例 4-6]　用 SQL 命令建立一个学生表 S。

```
CREATE TABLE S
(   SNo CHAR(6),
SN VARCHAR(10),
Sex NCHAR(1)DEFAULT '男',
Age INT,
Dept NVARCHAR(20)
)
```

4.14 SQL Server 的数据完整性机制

数据完整性主要指的是数据的精确性和可靠性,目的就是保证数据库中存放的数值及字符具有合法性(按照管理员定义的规则进行存放)。数据完整性分为以下几类。

1. 实体完整性

实体完整性要求每一个表中的主键字段都不能为空或者为重复的值。实体完整性指表中行的完整性。要求表中的所有行都有唯一的标识符,称为主关键字。主关键字是否可以修改,或整个列是否可以被删除,取决于主关键字与其他表之间要求的完整性。

实体完整性规则:基本关系的所有主关键字对应的主属性都不能取空值。例如,学生选课的关系"选课(学号,课程号,成绩)"中,学号和课程号共同组成主关键字,则学号和课程号两个属性都不能为空,因为没有学号的成绩或没有课程号的成绩都是不存在的。

2. 域完整性

域完整性可以设置为强制域完整性限制类型、限制格式(通过使用 check 约束和规则)或者是限制可能值范围(使用 foreign key 约束、check 约束、default 定义、not null 定义和规则)。

3. 用户定义完整性

用户定义完整性使用户得以定义不属于其他任何完整性分类的特定业务规则。所有的完整性类型(CREATE TABLE 中的所有列级和表级约束、存储过程和触发器)都支持用户定义完整性。

完整性约束的基本语法格式如下:

［CONSTRAINT<约束名>］ ＜约束类型＞

约束类型:NULL/NOT NULL、UNIQUE、PRIMARY KEY、FOREIGN KEY、CHECK。

(1)NULL/NOT NULL 约束

NULL 表示"不知道""不确定"或"没有数据",主键列不允许出现空值。

［CONSTRAINT<约束名>］［NULL | NOT NULL］

［例 4-7］ 建立一个 S 表,对 SNo 字段进行 NOT NULL 约束。

```
CREATE TABLE S
(SNo VARCHAR(6)CONSTRAINT S_CONS NOT NULL,
SN NVARCHAR(10),
Sex NCHAR(1),
```

```
Age INT,
Dept NVARCHAR(20))
```

可省略约束名称,缩写为 SNo VARCHAR(6)NOT NULL。

(2)UNIQUE 约束

UNIQUE 约束(唯一约束)指明基本表在某一列或多个列的组合上的取值必须唯一。在建立 UNIQUE 约束时,需要考虑以下几个因素:使用 UNIQUE 约束的字段允许为 NULL,一个表中可以允许有多个 UNIQUE 约束,可以把 UNIQUE 约束定义在多个字段上。UNIQUE 约束用于强制在指定字段上创建一个 UNIQUE 索引,默认为非聚集索引。

UNIQUE 用于定义列约束:

［CONSTRAINT＜约束名＞］　UNIQUE

UNIQUE 用于定义表约束:

［CONSTRAINT＜约束名＞］　UNIQUE(＜列名＞[{,＜列名＞}])

[例 4 - 8]　建立一个 S 表,定义 SN 为唯一键。

```
CREATE TABLE S
(   SNo VARCHAR(6),
    SN NVARCHAR(10)CONSTRAINT SN_UNIQ UNIQUE,
    Sex NCHAR(1),
    Age INT,
    Dept NVARCHAR(20)
)
```

CONSTRAINT SN_UNIQ 可以省略,整句缩写为 SN NVARCHAR(10)U-NIQUE。

[例 4 - 9]　建立一个 S 表,定义 SN＋Sex 为唯一键,此约束为表约束。

```
CREATE TABLE S
(   SNo VARCHAR(6),
SN NVARCHAR(10)UNIQUE,
Sex NCHAR(1),
Age INT,
Dept NVARCHAR(20)
CONSTRAINT S_UNIQ UNIQUE(SN,Sex)
)
```

(3)PRIMARY KEY 约束

PRIMARY KEY 约束(主键约束)用于定义基本表的主键,起唯一标识作用。

PRIMARY KEY 与 UNIQUE 的区别：在一个基本表中只能定义一个 PRIMARY KEY 约束，但可定义多个 UNIQUE 约束。对于指定为 PRIMARY KEY 的一个列或多个列的组合，其中任何一个列都不能出现 NULL；而对于 UNIQUE 所约束的唯一键，则允许为 NULL。不能为同一个列或一组列既定义 U-NIQUE 约束，又定义 PRIMARY KEY 约束。

PRIMARY KEY 用于定义列约束：

```
CONSTRAINT<约束名>PRIMARY KEY
```

PRIMARY KEY 用于定义表约束：

```
[CONSTRAINT<约束名>]  PRIMARY KEY(<列名>[{,<列名>}])
```

[例 4-10]　建立一个 S 表，定义 SNo 为 S 的主键；建立另外一个数据表 C，定义 CNo 为 C 的主键。

定义数据表 S：

```
CREATE TABLE S
(SNo VARCHAR(6)CONSTRAINT S_Prim PRIMARY KEY,
 SN NVARCHAR(10)UNIQUE,
 Sex NCHAR(1),
 Age INT,
 Dept NVARCHAR(20)
)
```

定义数据表 C：

```
CREATE TABLE C
(CNo VARCHAR(6)CONSTRAINT C_Prim PRIMARY KEY,
 CN NVARCHAR(20),
 CT INT
)
```

[例 4-11]　建立一个 SC 表，定义 SNo+CNo 为 SC 的主键。

```
CREATE TABLE SC
(SNo VARCHAR(6)NOT NULL,
 CNo VARCHAR(6)NOT NULL,
 Score NUMERIC(4,1),
 CONSTRAINT SC_Prim PRIMARY KEY(SNo,CNo)
)
```

(4)FOREIGN KEY 约束(外键约束)

```
[CONSTRAINT<约束名>]  FOREIGN KEY REFERENCES<主表名>(<列名>[{,<列名>}])
```

[例 4 - 12]　建立一个 SC 表,定义 SNo、CNo 为 SC 的外键。

```
CREATE TABLE SC
(  SNo VARCHAR(6)NOT NULL CONSTRAINT S_Fore FOREIGN KEY EFERENCES S(SNo),
   CNo VARCHAR(6)NOT NULL CONSTRAINT C_ForeFOREIGN KEY REFERENCES C(CNo),
   Score NUMERIC(4,1),CONSTRAINT S_C_Prim PRIMARY KEY(SNo,CNo)
)
```

(5)CHECK 约束

CHECK 约束用来检查字段值所允许的范围。在建立 CHECK 约束时,需要考虑以下几个因素:一个表中可以定义多个 CHECK 约束;每个字段只能定义一个 CHECK 约束;在多个字段上定义的 CHECK 约束必须为表约束;当执行 INSERT、UNDATE 语句时,CHECK 约束将验证数据。

[CONSTRAINT<约束名>]　CHECK(<条件>)

[例 4 - 13]　建立一个 SC 表,定义 Score 的取值范围为 0～100。

```
CREATE TABLE SC
(SNo VARCHAR(6),
 CNo VARCHAR(6),
 Score NUMERIC(4,1)CONSTRAINT Score_Chk CHECK(Score> = 0 AND Score< = 100)
)
```

[例 4 - 14]　建立包含完整性定义的学生表 S。

```
CREATE TABLE S
(  SNo VARCHAR(6)CONSTRAINT S_Prim PRIMARY KEY,
   SN NVARCHAR(10)CONSTRAINT SN_Cons NOT NULL,
   Sex NCHAR(1)CONSTRAINT Sex_Cons NOT NULL DEFAULT '男',
   Age INT CONSTRAINT Age_Cons NOT NULL
   CONSTRAINT Age_Chk CHECK(Age BETWEEN 15 AND 50),
   Dept NVARCHAR(20)CONSTRAINT Dept_Cons NOT NULL
)
```

4.15　修改数据表

4.15.1　用 Management Studio 修改数据表

(1)在 Management Studio 中的对象资源管理器中展开"数据库"节点。

(2)右击要修改的数据表,从弹出的快捷菜单选择"设计"命令,弹出"修改数据表结构"对话框,可以在此对话框中修改列的数据类型、名称等属性,添加或删除列,也可以指定表的主关键字约束。

(3)修改完毕后,单击"保存"按钮,存盘退出。

4.15.2 用 SQL 命令修改数据表

修改数据表的 SQL 的语句如下:

```
ALTER TABLE<表名>ADD<列定义>|<完整性约束定义>
ALTER TABLE<表名>ALTER COLUMN<列名><数据类型>[NULL | NOT NULL]
ALTER TABLE<表名>DROP CONSTRAINT<约束名>
```

[例 4 - 15] 在 S 表中增加一个班号列和住址列。

```
ALTER TABLE S ADD Class_No VARCHAR(6),Address NVARCHAR(20)
```

使用此方式增加的新列自动填充 NULL 值,所以不能为增加的新列指定 NOT NULL 约束。

[例 4 - 16] 在 SC 表中增加完整性约束定义,使 Score 在 0~100。

```
ALTER TABLE SC ADD CONSTRAINT Score_Chk CHECK(Score BETWEEN 0 AND 100)
```

[例 4 - 17] 把 S 表中的 SN 列加宽到 12 个字符。

```
ALTER TABLE S ALTER COLUMN SN NVARCHAR(12)
```

注意:不能改变列名;不能将含有空值的列的定义修改为 NOT NULL 约束;若列中已有数据,则不能减少该列的宽度,也不能改变其数据类型;只能修改 NULL/NOT NULL 约束,其他类型的约束在修改之前必须先将约束删除,然后重新添加修改过的约束定义。

[例 4 - 18] 删除 S 表中的主键。

```
ALTER TABLE S DROP CONSTRAINT S_Prim
```

4.16 删除数据表

当某个表已不再使用时,可将其删除。删除后,该表的数据和在此表上所建的索引都被删除,建立在该表上的视图不会删除,系统将继续保留其定义,但已无法使用。如果重新恢复该表,则这些视图可重新使用。

1. 用 Management Studio 删除数据表

在 Management Studio 中右击要删除的表,从弹出的快捷菜单中选择"删除"

命令,弹出"删除对象"对话框,单击"显示依赖关系"按钮,弹出"依赖关系"对话框,其中列出了表所依靠的对象和依赖于表的对象,当有对象依赖于表时不能删除表。

2. 用 SQL 命令删除数据表

删除表的 SQL 命令语法格式如下:

```
DROP TABLE<表名>
```

注意:只能删除自己建立的表,不能删除其他用户所建的表。

[例 4 - 19]　删除表 S。

```
DROP TABLE S
```

4.17　查看数据表

在 Management Studio 的对象资源管理器中右击要操作的表,从弹出的快捷菜单中选择"编辑所有行"命令,即可输入数据。

1. 查看数据表的属性

在 Management Studio 的对象资源管理器中展开"数据库"节点,选中相应的数据库,从中找到要查看的数据表,右击该表,从弹出的快捷菜单中选择"属性"命令,弹出"表属性"对话框,从中可以看到表的详细属性信息,如表名、所有者、创建日期、文件组、记录行数、数据表中的字段名称、结构和类型等。

2. 查看数据表中的数据

在 Management Studio 的对象资源管理器中右击要查看数据的表,从弹出的快捷菜单中选择"选择前 1000 行"命令,则会显示表中的前 1000 条数据。

本章小结

本章主要介绍了 SQL Server 2012 数据库管理系统的基本知识和主要功能。通过对本章的学习,学生能够学会如何创建数据库、创建数据表,对数据表中的数据进行添加、删除和更新操作,为第 5 章使用数据库做准备。

习　题

一、选择题

1. 已知学生、课程和成绩 3 个关系如下:学生(学号,姓名,性别,班级)、课程(课程名称,学时,性质)、成绩(课程名称,学号,分数)。若打印学生成绩单,包括学号、姓名、课程名称和分数,应该对这些关系进行(　　)操作。

　　A. 并　　　　　　　　B. 交　　　　　　　　C. 乘积　　　　　　　　D. 连接

2. SQL 中,下列涉及空值的操作不正确的是(　　)。

　　A. AGE IS NULL　　　　　　　　　　B. AGE IS NOT NULL

　　C. AGE＝NULL　　　　　　　　　　D. NOT(AGE IS NULL)

3. 在 SQL Server 中,使用 UPDATE 语句更新数据库表中的数据,以下说法正确的是(　　)。

　　A. 每次只能更新一行数据

　　B. 每次可以更新多行数据

　　C. 如果没有数据项被更新,将提示错误信息

　　D. 更新数据时,必须带有 WHERE 条件子句

4. 在 SQL Server 中,要防止大于 100 的数据被保存到 int 类型的列,可以使用(　　)。

　　A. 主键约束　　　　B. 限制约束　　　　C. 外键约束　　　　D. 检查约束

5. 在 SQL Server 中,附加数据库操作是指(　　)。

　　A. 把 SQL Server 数据库文件保存为其他数据库文件

　　B. 根据数据库物理文件中的信息,把数据库在 SQL Server 2008 中恢复

　　C. 把所有该数据库表的数据清空

　　D. 把数据库删除

6. 在 SQL Server 中有系统数据库和用户数据库,下列不属于系统数据库的是(　　)。

　　A. master　　　　　B. model　　　　　C. msdb　　　　　D. pubs

7. 在 SQL Server 2008 中,外键用于将一个表中的列与另一个表中的列关联起来。为了确保引用的完整性,要求(　　)。

　　A. 外键列的列值必须已经存在于主键表的对应列的列值中

　　B. 外键列的列值必须与主键表的对应列的列值一一对应

　　C. 外键列不能有重复的值

　　D. 外键表的数据行行数必须大于主键表的数据行行数

8. 在数据库中设计用户表时,固定长度的身份证号码最好采用(　　)数据类型进行存储。

　　A. char　　　　　B. text　　　　　C. varchar　　　　　D. int

9. SQL Server 数据库文件有 3 类,其中日志文件的扩展名为(　　)。

　　A. . ndf　　　　　B. . ldf　　　　　C. . mdf　　　　　D. . idf

10. SQL Server 是一个(　　)的数据库系统。

　　A. 网状型　　　　B. 层次型　　　　C. 关系型　　　　D. 以上都不是

11. 关于主键的描述正确的是(　　)。

　　A. 包含一列　　　　　　　　　　B. 包含两列

　　C. 包含一列或者多列　　　　　　D. 以上都不正确

12. SQL Server 采用的身份验证模式有(　　)。

　　A. 仅 Windows 身份验证模式

B. 仅 SQL Server 身份验证模式

C. 仅混合模式

D. Windows 身份验证模式和混合模式

13. SQL Server 提供的单行注释语句是使用(　　)开始的一行内容。

A. "/ *"　　　　　　　　B. "——"　　　　　　C. "{"　　　　　　　　D. "/"

14. 以下(　　)类型不能作为变量的数据类型。

A. text　　　　　　　　B. ntext　　　　　　　C. table　　　　　　　D. image

15. 假如有两个表的连接如下：table_1 INNER JOIN table_2，其中 table_1 和 table_2 是两个具有公共属性的表，这种连接会生成哪种结果集？(　　)

A. 包括 table_1 中的所有行，不包括 table_2 的不匹配行

B. 包括 table_2 中的所有行，不包括 table_1 的不匹配行

C. 包括两个表的所有行

D. 只包括 table_1 和 table_2 满足条件的行

16. 关于数据库的主要数据文件和次要数据文件，下列说法正确的是(　　)。

A. 数据库可以有多个主要数据文件和多个次要数据文件

B. 数据库只能有一个主要数据文件，并且可以没有次要数据文件

C. 数据库只能有一个次要数据文件，但是可以有多个主要数据文件

D. 数据库可以没有主要数据文件，也可以没有次要数据文件

17. 下面不能创建非空约束的情况是(　　)。

A. 表中已经有一个非空约束

B. 表中还没有主键

C. 表中还没有任何数据

D. 表中对应列的数据行包含空值

18. 创建数据库表的关键词是(　　)。

A. ALTER table　　　　　　　　　　B. CREATE table

C. DROP table　　　　　　　　　　　D. CREATE database

19. 在 SQL Server 中局部变量前面的字符为(　　)。

A. *　　　　　　　　　B. #　　　　　　　　　C. @@　　　　　　　　D. @

20. 如果希望完全安装 SQL Server，则应选择(　　)。

A. 典型安装　　　　　B. 最小安装　　　　　C. 自定义安装　　　　D. 仅连接

二、填空题

1. SQL 支持数据库的三级模式结构，其中_____对应于视图和部分基本表，_____对应于基本表，_____对应于存储文件。

2. 在 SQL Server 中，数据库是由_____文件和_____文件组成的。

3. 在 SQL Server 中可以定义_____、_____、_____、_____和_____ 5 种类型的完整性约束。

4. 数据表之间的联系是通过表的字段值来体现的，这种字段称为_____。

5. 在数据库中，权限可分为_____和_____。

6. 在 SQL 中,关系模式称为_____,子模式称为_____。

7. SQL Server 提供了一整套管理工具和实用程序,其中负责启动、暂停和停止 SQL Server 的 4 种服务的是_____。

8. SQL Server 数据库不包括_____文件。

9. 建立一个学生表 Student,其由学号 SNo、姓名 SName、性别 SSex、年龄 SAge、所在系 SDept 5 个属性组成,其中学号(假定其为字符型,长度为 8 个字符)属性不能为空。

```
CREATE TABLE Student
(SNo          _____,
SName         CHAR(20),
SSex          CHAR(2),
SAge          INTEGER,
SDept         CHAR(16))
```

10. 建立一个学生表 Student,其由学号 SNo、姓名 SName、性别 SSex、年龄 SAge、所在系 SDept 5 个属性组成,其中学号(假定其为字符型,长度为 8 个字符)属性不能为空。Student 表建立完成后,若要在表中增加年级 SGrade 项(设字段类型为字符型,长度为 10),则其 SQL 命令为_____。

三、简答题

1. 简述 SQL 支持的三级逻辑结构。

2. SQL 有什么特点?

实　验

实验 1　安装 SQL Server 2012

一、实验目的

1. 掌握 SQL Server 2012 安装的硬件要求和系统要求。

2. 熟悉 SQL Server 2012 的安装步骤。

3. 掌握 SQL Server 2012 的卸载方法。

4. 了解 SQL Server 2012 的主要组件。

5. 掌握登录和断开数据库服务器的方法。

二、实验内容

1. 检查计算机的软、硬件配置(CPU、内存、硬盘和操作系统)是否达到 SQL Server 2012 的安装要求。

2. 安装 SQL Server 2012。

(1)双击安装软件中的"Setup"程序图标,进入 SQL Server 2012 安装中心。

(2)输入有效的产品密钥,接受许可条款,并且安装程序支持文件。

(3)根据需要选择安装组件。

(4)进行服务器配置,配置服务的账户、启动类型、排序规则等。

（5）进行数据库引擎配置，配置数据库管理员 sa 指定的密码。

（6）进行安装配置规则的设置，确保状态列为"已通过"。

（7）进入正式安装界面，等待安装进度完毕。

3. 查看"SQL Server Management Studio""配置工具""导入和导出数据"等组件，并掌握其使用方法。

4. 使用运行安装软件的方法或者通过控制面板卸载 SQL Server 2012。

5. 登录和断开数据库服务器。

（1）分别使用 Windows 身份验证方式和 SQL Server 身份验证方式打开 SQL Server Management Studio。

（2）在对象资源管理器中可以查看所有数据库对象。

（3）断开与数据库服务器的连接。

实验 2　设计数据库、创建数据库和数据表

一、实验目的

1. 掌握在 SQL Server 中使用对象资源管理器和 SQL 命令创建数据库与修改数据库的方法。

2. 掌握在 SQL Server 中使用对象资源管理器和 SQL 命令创建数据表和修改数据表的方法（以 SQL 命令为重点）。

二、实验内容

给定表 4 - 7～表 4 - 9 所示的学生信息。

表 4 - 7　学生表

学　号	姓　名	性　别	专业班级	出生日期	联系电话
0433	张艳	女	生物 04	1986 - 9 - 13	
0496	李越	男	电子 04	1984 - 2 - 23	1381290××××
0529	赵欣	男	会计 05	1984 - 1 - 27	1350222××××
0531	张志国	男	生物 05	1986 - 9 - 10	1331256××××
0538	于兰兰	女	生物 05	1984 - 2 - 20	1331200××××
0591	王丽丽	女	电子 05	1984 - 3 - 20	1332080××××
0592	王海强	男	电子 05	1986 - 11 - 1	

表 4 - 8　课程表

课程号	课程名	学分数	学时数	任课教师
K001	计算机图形学	2.5	40	胡晶晶
K002	计算机应用基础	3	48	任泉

（续表）

课程号	课程名	学分数	学时数	任课教师
K006	数据结构	4	64	马跃先
M001	政治经济学	4	64	孔繁新
S001	高等数学	3	48	赵晓尘

表 4-9　学生作业表

课程号	学　号	作业 1 成绩	作业 2 成绩	作业 3 成绩
K001	0433	60	75	75
K001	0529	70	70	60
K001	0531	70	80	80
K001	0591	80	90	90
K002	0496	80	80	90
K002	0529	70	70	85
K002	0531	80	80	80
K002	0538	65	75	85
K002	0592	75	85	85
K006	0531	80	80	90
K006	0591	80	80	80
M001	0496	70	70	80
M001	0591	65	75	75
S001	0531	80	80	80
S001	0538	60		80

1. 在 SQL Server 中使用对象资源管理器和 SQL 命令创建学生作业管理数据库，数据库的名称自定。

（1）使用对象资源管理器创建数据库，并给出重要步骤的截图。

（2）删除第（1）步创建的数据库，再次使用 SQL 命令创建数据库，并给出 SQL 代码。

（3）创建数据库之后，如果有需要，可以修改数据库。

3. 使用 SQL 命令在学生作业管理数据库中建立学生表、课程表和学生作业表，在实验报告中给出 SQL 代码。

4. 在各个表中输入表 4-7～表 4-9 中的相应内容。

第 5 章 查　　询

SQL Server 2012 数据库中最常用的功能就是查询,SQL 通过 SELECT 语句实现数据查询。学习本章,可以加深对数据库管理系统在数据查询、数据定义、数据操纵和数据控制功能方面的理解。

5.1 单表数据查询

5.1.1 单表数据查询结构

SELECT 语句的一般格式如下:

```
SELECT [ALL|DISTINCT][TOP N [PERCENT][WITH TIES]]
〈列名〉[AS 别名 1]  [{,〈列名〉[ AS 别名 2]}]
FROM〈表名〉[[AS]表别名]
[WHERE〈检索条件〉]
[GROUP BY<列名 1>[HAVING<条件表达式>]]
[ORDER BY<列名 2>[ASC|DESC]]
```

其查询的结果仍是一个表。SELECT 语句的执行过程如下:根据 WHERE 子句的检索条件,从 FROM 子句指定的基本表中选取满足条件的元组,再按照 SELECT 子句中指定的列,投影得到结果表。如果有 GROUP BY 子句,则将查询结果按照与<列名 1>相同的值进行分组。如果 GROUP BY 子句后有 HAVING 子句,则只输出满足 HAVING 条件的元组。如果有 ORDER BY 子句,查询结果还要按照 ORDER BY 子句中<列名 2>的值进行排序。

可以看出,WHERE 子句相当于关系代数中的选取操作,SELECT 子句则相当于投影操作,但 SQL 查询不必规定投影、选取连接的执行顺序,其比关系代数更简单,功能更强大。

5.1.2 无条件查询

无条件查询是指只包含 SELECT…FROM 的查询,这种查询最简单,相当于只对关系(表)进行投影操作。

[例 5-1]　查询全体学生的学号、姓名和年龄。

SELECT SNo,SN,Age FROM S

在菜单栏下方的快捷工具中单击"新建查询"按钮,会弹出图 5-1 所示的查询窗口(对象资源管理器右侧的窗口)。在查询窗口中输入上述查询语句,单击"执行"按钮,即可得到图 5-2 所示的查询结果界面。可以看出,查询语句的下方是其对应的查询结果。

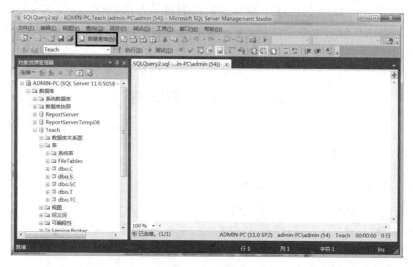

图 5-1　查询窗口

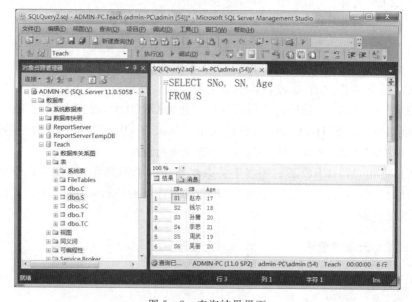

图 5-2　查询结果界面

本例中给出了图 5-2 所示的查询界面,其中包含查询语句和查询结果。后续例题的查询过程和本例相同,所以不再给出完整的查询界面。

[例 5-2]　查询学生的全部信息。

SELECT * FROM S

用"*"表示 S 表的全部列名,而不必逐一列出。

[例 5-3]　查询选修了课程的学生的学号。

SELECT DISTINCT SNo FROM SC

上述查询均为不使用 WHERE 子句的无条件查询,也称为投影查询。其中,例 5-3 的查询结果与关系代数中的投影操作 $\prod$ SNo(SC)的结果相同。在关系代数中,投影后自动消去重复行,而 SQL 中必须使用关键字 DISTINCT 才会消去重复行。另外,利用投影可控制列名的顺序,并可通过指定别名改变查询结果列标题的名字。

[例 5-4]　查询全体学生的姓名、学号和年龄。

SELECT SN Name,SNo,Age FROM S

或

SELECT SN AS Name,SNo,Age FROM S

其中,Name 为 SN 的别名。在 SELECT 语句中可以为查询结果的列名重新命名,并且可以重新指定列的次序。

5.1.3　条件查询

当要在表中找出满足某些条件的行时,需使用 WHERE 子句指定查询条件。WHERE 子句中,条件通常通过 3 部分来描述。

(1)列名。

(2)比较运算符。

(3)值。

常用的比较运算符见表 5-1 所列。

表 5-1　常用的比较运算符

运算符	含　义
=、>、<、>=、<=、! =、< >	比较大小
AND、OR、NOT	多重条件

（续表）

运算符	含　义
BETWEEN　AND	确定范围
IN	确定集合
LIKE	字符匹配
IS NULL	空值

1. 比较大小

［例 5-5］　查询选修课程号为 C1 的学生的学号和成绩。

```
SELECT SNo,Score FROM SC WHERE CNo = 'C1'
```

［例 5-6］　查询成绩高于 85 分的学生的学号、课程号和成绩。

```
SELECT SNo,CNo,Score FROM SC WHERE Score>85
```

2. 多重条件查询

当 WHERE 子句需要指定一个以上的查询条件时，需要使用逻辑运算符 AND、OR 和 NOT 将其连接成复合的逻辑表达式。其优先级由高到低依次为 NOT、AND、OR，用户可以使用括号改变优先级。

［例 5-7］　查询选修了 C1 或 C2 且分数不小于 85 分的学生的学号、课程号和成绩。

```
SELECT SNo,CNo,Score FROM SC
WHERE(CNo = 'C1' OR CNo = 'C2')AND(Score > = 85)
```

3. 确定范围

［例 5-8］　查询工资为 1000～1500 元的教师的教师号、姓名及职称。

```
SELECT TNo,TN,Prof FROM T WHERE Sal BETWEEN 1000 AND 1500
```

或

```
SELECT TNo,TN,Prof FROM T WHERE Sal> = 1000 AND Sal< = 1500
```

［例 5-9］　查询工资不为 1000～1500 元的教师的教师号、姓名及职称。

```
SELECT TNo,TN,Prof FROM T WHERE Sal NOT BETWEEN 1000 AND 1500
```

4. 确定集合

利用 IN 操作可以查询属性值属于指定集合的元组。

[例 5-10] 查询选修了 C1 或 C2 的学生的学号、课程号和成绩。

SELECT SNo,CNo,Score FROM SC WHERE CNo IN('C1','C2')

此语句也可以使用逻辑运算符 OR 实现：

SELECT SNo,CNo,Score FROM SC WHERE CNo='C1' OR CNo='C2'

利用 NOT IN 可以查询指定集合外的元组。

[例 5-11] 查询既没有选修 C1 也没有选修 C2 的学生的学号、课程号和成绩。

SELECT SNo,CNo,Score FROM SC WHERE CNo NOT IN('C1','C2')

或

SELECT SNo,CNo,Score FROM SC WHERE CNo<>'C1' and CNo<>'C2'

5. 部分匹配查询

当不知道完全精确的值时，用户可以使用 LIKE 或 NOT LIKE 进行部分匹配查询(也称模糊查询)。LIKE 语句的一般格式如下：

<属性名>LIKE<字符串常量>

其中，属性名必须为字符型；字符串常量中的字符可以包含通配符，利用这些通配符可以进行模糊查询。字符串中的通配符见表 5-2 所列。

表 5-2 字符串中的通配符

通配符	描　　述	实　　例
％	替代零个、一个或多个字符	'a％':'a'后可接任意字符串
_(下画线)	仅替代一个字符	'a_b':'a'和'b'之间有一个字符
[ ]	字符列中的任何单一字符	[0~9]:0~9 的字符
[^] 或者 [!]	不在字符列中的任何单一字符	[^0~9]:不在 0~9 的字符

[例 5-12] 查询所有姓"王"的教师的教师号和姓名。

SELECT TNo,TN FROM T WHERE TN LIKE '王'

[例 5-13] 查询姓名中第二个汉字是"国"的教师号和姓名。

SELECT TNo,TN FROM T WHERE TN LIKE '_国'

6. 空值查询

某个字段没有值称之为具有空值(NULL)，空值不同于零和空格，它不占任何存储空间。

[例 5 - 14]　查询没有考试成绩的学生的学号和相应的课程号。

SELECT SNo,CNo FROM SC WHERE Score IS NULL

注意:这里的空值条件为 Score IS NULL,不能写成 Score=NULL。

5.1.4　常用库函数及统计汇总查询

SQL 提供了许多库函数,增强了基本检索能力。常用库函数及其功能见表 5 - 3 所列。

表 5 - 3　常用库函数及其功能

函数名称	功　能
AVG	按列计算平均值
SUM	按列计算值的总和
MAX	求一列中的最大值
MIN	求一列中的最小值
COUNT	按列值计个数

[例 5 - 15]　求学号为 S1 的学生的总分和平均分。

```
SELECT SUM(Score)AS TotalScore,AVG(Score)AS AvgScore
FROM SC
WHERE(SNo = 'S1')
```

[例 5 - 16]　求选修了 C1 课程的最高分、最低分及之间相差的分数。

```
SELECT MAX(Score)AS MaxScore,MIN(Score)AS MinScore,
      MAX(Score) - MIN(Score)AS Diff
FROM SC
WHERE CNo = 'C1'
```

[例 5 - 17]　求计算机系学生的总数。

```
SELECT COUNT(SNo)FROM S
WHERE Dept = '计算机'
```

[例 5 - 18]　求学校中共有多少个系。

```
SELECT COUNT(DISTINCT Dept)AS DeptNum FROM S
```

DISTINCT 消去重复行,可计算 Dept 字段不同值的数量。

［例 5 - 19］　统计有成绩的学生的人数。

```
SELECT COUNT(Score)FROM SC
```

例 5 - 19 中成绩为 0 的学生也计算在内,没有成绩(为空值)的不计算,因为 COUNT 函数对空值不计算。

［例 5 - 20］　利用特殊函数 COUNT(＊)求计算机系学生的总数。

```
SELECT COUNT( ＊ )FROM S WHERE Dept = '计算机'
```

COUNT(＊)用来统计元组的个数,不消除重复行,不允许使用 DISTINCT 关键字。

5.1.5　分组查询

GROUP BY 子句可以将查询结果按属性列或属性列组合在行的方向上进行分组,每组在属性列或属性列组合上具有相同的值。

［例 5 - 21］　查询各个教师的教师号及其任课的门数。

```
SELECT TNo,COUNT( ＊ )AS C_Num FROM TC GROUP BY TNo
```

GROUP BY 子句按 TNo 的值分组,所有具有相同 TNo 的元组为一组,对每一组使用 COUNT 函数进行计算,统计出各个教师任课的门数。

若在分组后还要按照一定的条件进行筛选,则需要使用 HAVING 子句。

［例 5 - 22］　查询选修两门以上(含两门)课程的学生的学号和选课门数。

```
SELECT SNo,COUNT( ＊ )AS SC_Num FROM SC
GROUP BY SNo
HAVING(COUNT( ＊ )＞ = 2)
```

GROUP BY 子句按 SNo 的值分组,所有具有相同 SNo 的元组为一组,对每一组使用 COUNT 函数进行计算,统计出每名学生选课的门数。HAVING 子句去掉不满足 COUNT(＊)＞=2 的组。

当在一个 SQL 查询中同时使用 WHERE 子句、GROUP BY 子句和 HAVING 子句时,其顺序是 WHERE 子句、GROUP BY 子句、HAVING 子句。 WHERE 子句与 HAVING 子句的根本区别在于作用对象不同。WHERE 子句作用于基本表或视图,从中选择满足条件的元组;HAVING 子句作用于组,选择满足条件的组,所以必须用在 GROUP BY 子句之后,但 GROUP BY 子句没有 HAVING 子句。

5.1.6　查询结果的排序

当需要对查询结果进行排序时,应该使用 ORDER BY 子句,ORDER BY 子句必须出现在其他子句之后。排序方式可以指定,DESC 为降序,ASC 为升序,默认时为升序。

［例5-23］ 查询选修了 C1 课程的学生的学号和成绩,并按成绩降序排列。

SELECT SNo,Score FROM SC WHERE(CNo='C1')ORDER BY Score DESC

［例5-24］ 查询选修了 C2、C3、C4 或 C5 课程的学生的学号、课程号和成绩,查询结果按学号升序排列,学号相同再按成绩降序排列。

```
SELECT SNo,CNo,Score
FROM SC
WHERE CNo IN('C2','C3','C4','C5')
ORDER BY SNo,Score DESC
```

5.2 多表连接查询

数据库中的各个表存放着不同的数据,用户往往需要用多个表中的数据来组合、提炼出所需要的信息。如果一个查询需要对多个表进行操作,就称为连接查询。连接查询的结果集或结果表称为表之间的连接。连接查询实际上是通过各个表之间共同列的关联性来查询数据的,数据表之间的联系是通过表的字段值来体现的,这种字段称为连接字段。连接操作的目的就是通过加在连接字段上的条件将多个表连接起来,以便从多个表中查询数据。

5.2.1 多表连接查询结构

表的连接方法有以下两种:

(1)表之间满足一定条件的行进行连接时,FROM 子句指明进行连接的表名,WHERE 子句指明连接的列名及其连接条件。其语法格式如下:

```
SELECT [ALL|DISTINCT][TOP N [PERCENT][WITH TIES]]
〈列名〉[AS 别名1]  [{,〈列名〉[ AS 别名2]}]
FROM〈表名1〉[[AS]表1别名][{,〈表名2〉[[AS]表2别名,…]}]
[WHERE〈检索条件〉]
[GROUP BY<列名1>[HAVING<条件表达式>]]
[ORDER BY<列名2>[ASC|DESC]]
```

(2)利用关键字 JOIN 进行连接。将 JOIN 关键词放于 FROM 子句中时,应有关键词 ON 与之对应,以表明连接的条件。其具体连接方式见表5-4所列。

表 5－4　JOIN 的连接方式

连接方式	说　明
INNER JOIN	显示符合条件的记录,此为默认值
LEFT(OUTER)JOIN	为左(外)连接,用于显示符合条件的数据行及左边表中不符合条件的数据行,此时右边数据行会以 NULL 显示
RIGHT(OUTER)JOIN	右(外)连接,用于显示符合条件的数据行及右边表中不符合条件的数据行,此时左边数据行会以 NULL 显示
FULL(OUTER)JOIN	显示符合条件的数据行及左边表和右边表中不符合条件的数据行,此时缺乏数据的数据行会以 NULL 显示
CROSS JOIN	将一个表的每个记录和另一个表的每个记录匹配成新的数据行

5.2.2　内连接查询

[例 5－25]　查询"刘伟"教师所讲授的课程,要求列出教师号、教师姓名和课程号。

1. 方法 1

```
SELECT T. TNo,TN,CNo
FROM T,TC
WHERE(T. TNo = TC. TNo)AND(TN = '刘伟')
```

这里 TN＝'刘伟'为查询条件,而 T. TNo＝TC. TNo 为连接条件,TNo 为连接字段。连接条件的一般格式如下:

[<表名1>.]　<列名 1><比较运算符>[<表名 2>.]　<列名 2>

其中,比较运算符主要有＝、>、<、>＝、<＝、!＝。

当比较运算符为"＝"时,称为等值连接;其他情况为非等值连接。

引用列名 TNo 时要加上表名前缀,这是因为两个表中的列名相同,必须用表名前缀来确切说明所指列属于哪个表,以避免产生二义性问题。如果列名是唯一的(如 TN),就不必加前缀。

上面的操作是将 T 表中的 TNo 和 TC 表中的 TNo 相等的行进行连接,同时选取 TN 为"刘伟"的行,然后在 TNO、TN、CNO 列上投影,这是连接、选取和投影操作的组合。

2. 方法 2

```
SELECT T. TNo,TN,CNo
FROM T INNER JOIN TC ON T. TNo = TC. TNo
WHERE(TN = '刘伟')
```

3. 方法3

```
SELECT R1.TNo R2.TN,R1.CNo
FROM
(SELECT TNo,CNo FROM TC)AS R1
INNER JOIN
(SELECT TNo,TN FROM T WHERE TN = '刘伟')AS R2
ON R1.TNo = R2.TNo
```

[例5-26] 查询所有选课学生的学号、姓名、选课名称及成绩。

```
SELECT S.SNo,SN,CN,Score
FROM S,C,SC
WHERE S.SNo = SC.SNo AND SC.CNo = C.CNo
```

[例5-27] 查询每门课程的课程号、课程名和选课人数。

```
SELECT C.CNO,CN,COUNT(SC.SNo)as 选课人数
FROM C,SC
WHERE SC.CNo = C.CNo
GROUP BY C.CNo,CN
```

5.2.3 外连接查询

在外连接中,参与连接的表有主从之分,以主表的每行数据匹配从表的数据列。符合连接条件的数据将直接返回结果集中;对那些不符合连接条件的列,将被填上 NULL 值后再返回结果集中(由于 BIT 数据类型不允许有 NULL 值,因此 BIT 类型的列会被填上"0"再返回结果中)。

外连接分为左外连接和右外连接两种。以主表所在的方向区分外连接,主表在左边,则称为左外连接;主表在右边,则称为右外连接。

[例5-28] 查询所有学生的学号、姓名、选课名称及成绩(没有选课的学生的选课信息显示为空)。

```
SELECT S.SNo,SN,CN,Score
  FROM S
  LEFT OUTER JOIN SC ON S.SNo = SC.SNo
  LEFT OUTER JOIN C   ON C.CNo = SC.CNo
```

查询结果包括所有学生,没有选课的学生的选课信息显示为空。

5.2.4 交叉查询

交叉查询(CROSS JOIN)相当对连接查询的表没有特殊要求,任何表都可以

进行交叉查询操作。

[例 5 - 29] 对学生表 S 和课程表 C 进行交叉查询。

```
SELECT * FROM S CROSS JOIN C
```

上述查询是将学生表 S 中的每个记录和课程表 C 的每个记录匹配成新的数据行,查询的结果集合的行数是两个表行数的乘积,列数是两个表列数的和。

5.2.5 自连接查询

当一个表与其自身进行连接操作时,称为表的自身连接。

[例 5 - 30] 查询所有比"刘伟"工资高的教师的姓名、工资和刘伟的工资。

方法 1:

```
SELECT X. TN,X. Sal AS Sal_a,Y. Sal AS Sal_b
FROM T AS X,T AS Y
WHERE X. Sal>Y. Sal AND Y. TN = '刘伟'
```

方法 2:

```
SELECT X. TN,X. Sal,Y. Sal FROM T AS X
INNER JOIN T AS Y ON X. Sal>Y. Sal AND Y. TN = '刘伟'
```

方法 3:

```
SELECT R1. TN,R1. Sal,R2. Sal
FROM(SELECT TN,Sal FROM T)AS R1
INNER JOIN(SELECT Sal FROM T
WHERE TN = '刘伟')AS R2 ON R1. Sal>R2. Sal
```

[例 5 - 31] 检索所有学生的姓名、年龄和选课名称。

方法 1:

```
SELECT SN,Age,CN FROM S,C,SC
WHERE S. SNo = SC. SNo AND SC. CNo = C. CNo
```

方法 2:

```
SELECT R3. SNo,R3. SN,R3. Age,R4. CN
FROM
(SELECT SNo,SN,Age FROM S)AS R3
INNER JOIN
(SELECT R2. SNo,R1. CN
FROM
(SELECT CNo,CN FROM C)AS R1
```

```
INNER JOIN
(SELECT SNo,CNo FROM SC)AS R2
ON R1.CNo = R2.CNo)AS R4
ON R3.SNo = R4.SNo
```

5.3 子查询

在 WHERE 子句中包含一个形如 SELECT…FROM…WHERE 的查询块,此查询块称为子查询或嵌套查询,包含子查询的语句称为父查询或外部查询。嵌套查询可以将一系列简单查询构成复杂查询,增强查询能力。嵌套查询在执行时由里向外处理,每个子查询是在上一级外部查询处理之前完成的,父查询要用到子查询的结果。

5.3.1 普通子查询

普通子查询的执行顺序如下:首先执行子查询,然后把子查询的结果作为父查询的查询条件的值。普通子查询只执行一次,而父查询所涉及的所有记录行都与其查询结果进行比较,以确定查询结果集合。

1. 返回一个值的普通子查询

当子查询的返回值只有一个时,可以使用比较运算符(=、>、<、>=、<=、!=)将父查询和子查询连接起来。

[例 5-32] 查询与"刘伟"教师职称相同的教师号、姓名。

```
SELECT TNo,TN FROM T
WHERE Prof = (SELECT Prof FROM T WHERE TN = '刘伟')
```

2. 返回一组值的普通子查询

如果子查询的返回值不止一个,而是一个集合,则不能直接使用比较运算符,可以在比较运算符和子查询之间插入 ANY 或 ALL。其具体含义详见以下各例。

(1)使用 ANY

[例 5-33] 查询讲授 C5 课程的教师姓名。

```
SELECT TN FROM T
WHERE(TNo = ANY(SELECT TNo
                FROM TC
                WHERE CNo = 'C5'))
```

先执行子查询,找到讲授课程号为 C5 的教师号,教师号为一组值构成集合

(T2,T3,T5);再执行父查询。其中,ANY 的含义为任意一个值。

该例也可以使用前面所讲的连接操作来实现:

```
SELECT TN FROM T,TC
WHERE T. TNo = TC. TNo AND TC. CNo = ' C5 '
```

[例 5-34] 查询其他系中比计算机系某一教师工资高的教师的姓名和工资。

```
SELECT TN,Sal FROM T
WHERE(Sal >ANY(SELECT Sal FROM T
            WHERE Dept = '计算机'))AND(Dept<>'计算机')
```

先执行子查询,找到计算机系中所有教师的工资集合(1500,900);再执行父查询,查询所有不是计算机系且工资高于 900 元的教师姓名和工资。

此查询也可以写为

```
SELECT TN,Sal FROM T
WHERE Sal >(SELECT MIN(Sal)FROM T WHERE Dept = '计算机')
AND Dept<>'计算机'
```

先执行子查询,利用库函数 MIN 找到计算机系中所有教师的最低工资 900 元;再执行父查询,查询所有不是计算机系且工资高于 900 元的教师姓名和工资。

(2)使用 IN

使用 IN 代替"=ANY"。

[例 5-35] 查询讲授 C5 课程的教师姓名(使用 IN)。

```
SELECT TN FROM T
WHERE(TNo IN(SELECT TNo FROM TC WHERE CNo = 'C5'))
```

(3)使用 ALL

ALL 的含义为全部。

[例 5-36] 查询其他系中比计算机系所有教师工资都高的教师的姓名和工资。

```
SELECT TN,Sal FROM T
WHERE(Sal >ALL(SELECT Sal FROM T WHERE Dept = '计算机'))
AND(Dept<>'计算机')
```

或

```
SELECT TN,Sal FROM T
WHERE(Sal >(SELECT MAX(Sal)FROM T WHERE Dept = '计算机'))
AND(Dept<>'计算机')
```

5.3.2 相关子查询

5.3.1 节所介绍的子查询均为普通子查询,有时子查询的查询条件需要引用父查询表中的属性值,我们把这类查询称为相关子查询。

相关子查询的执行顺序如下:首先选取父查询表中的第一行记录,内部的子查询利用此行中相关的属性值进行查询;然后父查询根据子查询返回的结果判断此行是否满足查询条件。如果满足条件,则把该行放入父查询的查询结果集合中。重复执行这一过程,直到处理完父查询表中的每一行数据。由此可以看出,相关子查询的执行次数是由父查询表的行数决定的。

[例5-37] 查询没有讲授 C5 课程的教师姓名。

```
SELECT DISTINCT TN FROM T
WHERE('C5'<>ALL(SELECT CNO FROM TC WHERE TNo = T.TNo))
```

"<>ALL"的含义为不等于子查询结果中的任何一个值,也可使用 NOT IN 代替"<>ALL"。

例 5-37 中,表 T 中的每一行,即每个教师记录都要执行一次子查询,以确定该教师是否讲授 C5 这门课。当 C5 不是教师教授的一门课时,则该教师被选取。

此外,使用 EXISTS 也可以进行相关子查询。EXISTS 是表示存在的量词,带有 EXISTS 的子查询不返回任何实际数据,只得到逻辑值"真"或"假"。当子查询的查询结果集合为非空时,外层的 WHERE 子句返回真值,否则返回假值。NOT EXISTS 与此相反。

[例5-38] 用含有 EXISTS 的语句完成例 5-33 的查询,即查询讲授 C5 课程的教师姓名。

```
SELECT TN FROM T
WHERE EXISTS(SELECT *
         FROM TC
         WHERE TNo = T.TNo AND CNo = 'C5')
```

当子查询 TC 表存在一行记录满足其 WHERE 子句中的条件时,父查询便得到一个 TN 值。重复执行以上过程,直到得出最后结果。

[例5-39] 查询没有讲授 C5 课程的教师姓名。

```
SELECT TN FROM T
WHERE(NOT EXISTS(SELECT *
         FROM TC
         WHERE TNo = T.TNo AND CNo = 'C5'))
```

当子查询 TC 表存在一行记录不满足其 WHERE 子句中的条件时,父查询便得到一个 TN 值。重复执行以上过程,直到得出最后结果。

[**例 5 - 40**]　查询选修所有课程的学生姓名。

```
SELECT SN FROM S
WHERE( NOT EXISTS( SELECT * FROM C
                    WHERE NOT EXISTS( SELECT *
                                        FROM SC
                                        WHERE SNo = S. SNo
                                        AND CNo = C. CNo) ) )
```

本例题也可理解为选出这样一些学生名单,在 SC 表中不存在他们没有选修课程的记录。

5.4　其他类型查询

5.4.1　合并查询

合并查询就是使用 UNION 操作符将来自不同查询的数据组合起来,形成一个具有综合信息的查询结果,UNION 操作会自动将重复的数据行剔除。参加合并查询的各子查询使用的表结构相同,即各子查询中的数据个数和对应的数据类型都必须相同。

[**例 5 - 41**]　从 SC 数据表中查询出学号为 S1 的学生的学号和总分,再从 SC 数据表中查询出学号为 S5 的学生的学号和总分,然后将两个查询结果合并成一个结果集。

```
SELECT SNo AS 学号,SUM(Score)AS 总分 FROM SC
WHERE( SNo = ' S1 ')
GROUP BY SNo
UNION
SELECT SNo AS 学号,SUM(Score)AS 总分 FROM SC
WHERE( SNo = ' S5 ')
GROUP BY SNo
```

5.4.2　存储查询结果到表中

使用 SELECT…INTO 语句可以将查询结果存储到一个新建的数据库表或临时表中。

[**例 5 - 42**] 从 SC 数据表中查询出所有学生的学号和总分,并将查询结果存放到一个新的数据表 Cal_Table 中。

```
SELECT SNo AS 学号,SUM(Score)AS 总分 INTO Cal_Table
FROM SC
GROUP BY SNo
```

本例中,将 INTO Cal_Table 改为 INTO ♯Cal_Table,则查询结果被存放到一个临时表中。临时表只存在于内存中,并不存储在数据库中。

5.5 数据操纵

SQL 提供的数据操纵语言以 INSERT、UPDATE、DELETE 3 种指令为核心,分别代表添加、更新与删除,是开发以数据为中心的应用程序必定会使用的指令。

5.5.1 添加数据

添加数据是把新的记录添加到一个已存在的表中。

1. 用 Management Studio 添加数据

可以在 Management Studio 中查看数据库表的数据时添加数据,但这种方式不适用于大量添加数据。

添加数据的方法在 4.17 节简单地介绍过,具体方法如下:打开记录待添加数据的数据表,右击,在弹出的快捷菜单中选择"编辑前 200 行"命令,在弹出的窗口中单击空白行,分别向各字段中输入新数据即可。当输入一个新数据后,会自动在最后出现一个新的空白行,用户可以继续输入多个数据。

2. 用 SQL 命令添加数据

添加数据使用的 SQL 命令是 INSERT INTO,可分为以下几种情况。

(1)添加一行新记录

添加一行新记录的语法格式如下:

```
INSERT INTO<表名>[(<列名 1>[,<列名 2>…])]  VALUES(<值>)
```

其中,<表名>是指要添加新数据的表;<列名>是可选项,指定待添加数据的列;VALUES 子句指定待添加数据的具体值。列名的排列顺序不一定要和表定义时的顺序一致,但当指定列名时,VALUES 子句中值的排列顺序必须和列名表中的列名排列顺序一致,个数相等,数据类型一一对应。

[**例 5 - 43**] 在 S 表中添加一条学生记录(学号:S7,姓名:何叶,性别:女,年

龄:19,系别:计算机)。

```
INSERT INTO S(SNo,SN,Age,Sex,Dept)
VALUES('S7','何叶',21,'女','计算机')
```

注意:必须用逗号将各个数据分开,字符型数据要用单引号括起来。如果INTO 子句中没有指定列名,则新添加的记录必须在每个属性列上均有值,且VALUES 子句中值的排列顺序要和表中各属性列的排列顺序一致。

（2）添加一行记录的部分数据值

[**例 5 - 44**]　在 SC 表中添加一条选课记录('S7','C1')。

```
INSERT INTO SC(SNo,CNo)VALUES('S7','C1')
```

将 VALUES 子句中的值按照 INTO 子句中指定列名的顺序添加到表中,对于 INTO 子句中没有出现的列,则新添加的记录在这些列上将赋 NULL 值,如上例的 Score 列即赋 NULL 值。但在表定义时有 NOT NULL 约束的属性列不能取NULL 值,插入时必须给其赋值。

（3）添加多行记录

添加多行记录用于表间的复制,即将一个表中的数据抽取数行添加到另一个表中,可以通过子查询来实现。

添加数据的 SQL 命令语法格式如下:

```
INSERT INTO<表名>[(<列名 1>[,<列名 2>…])]
子查询
```

[**例 5 - 45**]　求出各系教师的平均工资,把结果存放在新表 AvgSal 中。
首先建立新表 AvgSal,用来存放系名和各系的平均工资:

```
CREATE TABLE AvgSal(Department VARCHAR(20),Average SMALLINT)
```

然后利用子查询求出 T 表中各系的平均工资,把结果存放在新表 AvgSal 中。

```
INSERT INTO AvgSal
SELECT Dept,AVG(Sal)FROM T GROUP BY Dept
```

5.5.2　修改数据

1. 用 Management Studio 修改数据

可以在 Management Studio 中在查看数据库表的数据时修改数据,但这种方式不适用于大量修改数据。

用 Management Studio 修改数据的方法如下:在对象资源管理器中右击要修改数据的表,在弹出的快捷菜单中选择"编辑所有行"命令,即可弹出"修改表数据"

对话框。单击要修改的记录,分别向各字段中输入新数据即可,原数据会被新数据覆盖。

当修改表结构并保存时,如果系统提示"不允许保存更改,您所做的更改要求删除并重新创建以下表,您对无法重新创建的表进行了更改或者启用了'阻止保存要求重新创建表的更改'选项",则单击 Management Studio 的"工具—选项"菜单项,找到设置项"表设计器和数据库设计器",取消选中"阻止保存要求重新创建表的更改"选项,单击"确定"即可。

2. 用 SQL 命令修改数据

可以使用 SQL 的 UPDATE 语句对表中的一行或多行记录的某些列值进行修改,其语法格式如下:

```
UPDATE<表名>
SET<列名> = <表达式>[,<列名> = <表达式>]…
[WHERE<条件>]
```

其中,<表名>是指要修改的表;SET 子句给出要修改的列及其修改后的值;WHERE 子句指定待修改的记录应当满足的条件,WHERE 子句省略时,则修改表中的所有记录。

(1)修改一行

[例 5 - 46] 把刘伟教师转到信息系。

```
UPDATE T
SET Dept = '信息'
WHERE TN = '刘伟'
```

(2)修改多行

[例 5 - 47] 将所有学生的年龄增加 1 岁。

```
UPDATE S
SET Age = Age + 1
```

[例 5 - 48] 把教师表中工资不超过 1000 元的讲师的工资提高 20%。

```
UPDATE T
SET Sal = 1.2 * Sal
WHERE(Prof = '讲师')AND(Sal< = 1000)
```

(3)用子查询选择要修改的行

[例 5 - 49] 把讲授 C5 课程的教师的岗位津贴增加 100 元。

```
UPDATE T
SET Comm = Comm + 100
```

```
WHERE(TNo IN(SELECT TNo FROM T,TC
WHERE T. TNo = TC. TNo AND TC. CNo = 'C5'))
```

子查询的作用是得到讲授 C5 课程的教师号。

（4）用子查询提供要修改的值

[例 5 - 50] 把所有教师的工资提高到平均工资的 1.2 倍。

```
UPDATE T
SET Sal = (SELECT 1. 2 * AVG(Sal)FROM T)
```

子查询的作用是得到所有教师的平均工资的 1.2 倍。

5.5.3 删除数据

1. 用 Management Studio 删除数据

可以在 Management Studio 中查看数据库表的数据时删除数据,这种方式适合删除少量记录等简单情况。

删除数据的方法如下:打开待删除记录的数据表,右击,在弹出的快捷菜单中选择"编辑前 200 行"或者"编辑所有行"命令,在弹出的窗口中选择一条或者多条记录删除即可。

2. 用 SQL 命令删除数据

使用 SQL 的 DELETE 语句可以删除表中的一行或多行记录,其语法格式如下:

```
DELETE FROM<表名>
[WHERE<条件>]
```

其中,<表名>是指要删除数据的表;WHERE 子句指定待删除的记录应当满足的条件,WHERE 子句省略时,则删除表中的所有记录。

（1）删除一行记录

[例 5 - 51] 删除刘伟教师的记录。

```
DELETE FROM T
WHERE TN = '刘伟'
```

（2）删除多行记录

[例 5 - 52] 删除所有教师的授课记录。

```
DELETE FROM TC
```

（3）利用子查询选择要删除的行

[例 5 - 53] 删除刘伟教师授课的记录。

```
DELETE FROM TC
WHERE(TNo = (SELECT TNo FROM T WHERE TN = '刘伟'))
```

本章小结

本章讲述了 SQL Server 中对数据的增、查、改、删（CRUD）的 SQL 的基本操作及工具的使用。CRUD 是数据库操作的基础，在应用中会频繁使用，尤其是查询，学生需要熟练掌握所学内容。

简单查询：查询全部或部分数据、分组查询、查询不重复数据等。

条件查询：比较条件查询、范围条件查询、多值条件查询、模糊查询及HAVING 的使用。

连接查询：内连接、外连接和交叉连接。

习　题

一、选择题

1. 在 SQL Server 中，有 students（学生）表，包含字段：Sid（学号），SName（姓名），Grade（成绩）。现要将所有学生的成绩加 10 分，下列 SQL 语句正确的是（　　）。

A. update students set Grade＝Grade＋10 where Sid＝1

B. update ＊ set Grade＝Grade＋10

C. update ＊ from students set Grade＝Grade＝Grade＋10

D. update students set Grade＝Grade＋10

2. 在 SQL Server 中，有一个 product（产品）表，包含字段：pname（产品名称），要从此表中筛选出产品名称为"苹果"或者"香蕉"的记录，下列 SQL 语句正确的是（　　）。

A. SELECT ＊ FROM product ON pname＝'苹果' OR　pname＝'香蕉'

B. SELECT ＊ FROM product ON pname＝'苹果' AND pname＝'香蕉'

C. SELECT ＊ FROM product WHERE pname＝'苹果' OR pname＝'香蕉'

D. SELECT ＊ FROM product WHERE pname＝'苹果' AND pname＝'香蕉'

3. 在 SQL Server 中，假设表 users 包含主键列 id，那么执行"Update users SET id＝20 WHERE id＝30"后的结果可能有（　　）。

A. 如果表中含有 id 为 30 的记录，但不包含 id 为 20 的记录，则更新失败

B. 执行出错，因为主键列不可以被更新

C. 如果表中同时含有 id 为 20 和 id 为 30 的记录，则更新失败

D. 如果表中不包含 id 为 20 和 id 为 30 的记录，则更新一行记录

4. 在 SQL Server 中，查找 student 表中所有身份证号码 CardNo 的前 3 位为 010 或 020 的记录，以下 SQL 语句正确的是（　　）。

A. select ＊ from student where CardNo like '010％' and CardNo like '020％'

B. select ＊ from student where CardNo like '010％' or '020％'

C. select ＊ from student where CardNo like '0[1,2]0％'

D. select ＊ from student where CardNo like '0(1,2)0％'

5. 在 SQL Server 中,学生表 student 中包含以下字段:学生编号 sid(主键),学生姓名 sName,现在查询所有姓名重复的记录,以下 SQL 语句正确的是(　　)。

A. select ＊ from student where count(sid)＞1

B. select a. ＊ from student a,student b where a. sname＝b. sname

C. select a. ＊ from student a,student b where a. sname＝b. sname and a. sid＜＞b. sid

D. select ＊ from student group by sName where count(sid)＞1

6. 在 SQL Server 中,现有定单表 orders,包含用户信息 userid,产品信息 productid,以下(　　)语句能够返回至少被定购过两回的 productid。

A. select productid from orders group by productid where count(productid)＞1

B. select productid from orders having count(productid)＞1 group by productid

C. select productid from orders where having count(productid)＞1 group by productid

D. select productid from orders group by productid having count(productid)＞1

7. 在 SQL Server 中,假定一个学生选修课管理系统中有两个表:student(学生)表,其结构为 sID(学号),sName(姓名);studentCourse(学生选课)表,其结构为 sID(学号),cID(课程编号),score(成绩),那么列出所有已选课学生的学号、姓名、课程编号和成绩的 SQL 语句是(　　)。

A. SELECT sID,sName,cID,score FROM student,studentCourse

B. SELECT sID,sName,cID,score FROM student INNER JOIN studentCourse ON student. sID＝studentCourse. sID

C. SELECT sID,sName,cID,score FROM student OUTER JOIN studentCourse ON student. sID＝studentCourse. sID

D. SELECT sID,sName,cID,score FROM student,studentCourse WHERE student. sID＝studentCourse. sID

8. 在 SQL Sever 中,假定 grade(成绩)表中包含字段:sID(学号),cID(班级编号),lang(语文成绩),math(数学成绩),那么计算所有学生人数和各科最高成绩的 SQL 语句是(　　)。

A. SELECT COUNT(＊),MAX(lang),MAX(math)FROM grade

B. SELECT COUNT(＊),MAX(lang),MAX(math)FROM grade GROUP BY sID

C. SELECT SUM(＊),MAX(lang),MAX(math)FROM grade GROUP BY sID

D. SELECT SUM(＊),MAX(lang),MAX(math)FROM grade

9. 在 SELECT 语句的 WHERE 子句的条件表达式中,可以匹配 0 到多个字符的通配符是(　　)。

A. ＊　　　　　　　　B. ％　　　　　　　　C. 一　　　　　　　　D. ?

10. 要查询 book 表中所有书名中以"计算机"开头的书籍的价格,可用(　　)语句。

A. SELECT price FROM book WHERE book_name＝'计算机＊'

B. SELECT price FROM book WHERE book_name LIKE '计算机＊'

C. SELECT price FROM book WHERE book_name='计算机％'

D. SELECT price FROM book WHERE book_name LIKE '计算机％'

11. 假设 Student 表存储了学生信息表,ID 为学生编号,Name 为学生姓名,Age 为学生年龄,Address 为学生住址,按年龄从大到小来排序显示出来,下面 SQL 语句正确的是(   )。

A. Select ID,Name,Age,Address from Student Order by Age DESC

B. Select ＊ from Student order by Age

C. Select ＊ from Student order by Age ASC

D. Select ID,Name,Age,Address from Student Order by Age ASC

12. 若用如下 SQL 语句创建了一个表 S:CREATE TABLE S(Sid CHAR(6)NOT NULL,SNAME CHAR(8)NOT NULL,SEX CHAR(2),AGE INT),向 S 表插入如下行时,(   )可以被插入。

A. ('991001','李明芳',女,'23')

B. ('990746','张为',NULL,NULL)

C. (,'陈道一','男',32)

D. ('992345',NULL,'女',25)

13. 有一张学生成绩表 Student,ID 为学生编号,Class 为学生班级,Score 为学生成绩,现在想通过查询来找出每个班级的平均分,下面的查询语句符合要求的是(   )。

A. Select avg(score),class from Student group by class

B. Select avg(class),score from student group by class

C. Select sum(score)/count(ID),class from student group by class

D. Select avg(score),class,ID from student group by class

14. 从货物定单数据表(order)中查询出其中定单金额(order_price)为 1000～5000 元的定单的详细信息,并按照定单金额(order_price)升序排列,正确的 SQL 语句是(   )。

A. Select ＊ from order where order_price

  between 1000 and 5000 order by order_price ASC

B. Select ＊ from order where order_price

  between 1000 and 5000 order by order_price DESC

C. Select ＊ from order where 1000＜order_price＜5000 order by order_price ASC

D. Select ＊ from order where 1000＜order_price＜5000 order by order_price DESC

15. 在 SQL Server 中,假设表 ABC 中有 A、B、C 3 列,设为字符数据类型,其中 A 列的默认值为 AV,如果能够正确执行语句"INSERT INTO ABC(A,C)VALUES(' V',' NULL')",则下列说法不正确的是(   )。

A. 插入 A 列的值为 V   B. 插入 A 列的值为 AV

C. 插入 B 列的值为空   D. 插入 C 列的值为 NULL

二、填空题

1. 相关子查询的执行次数是由父查询表的_____决定的。

2. 在"学生-选课-课程"数据库中的 3 个关系如下:S(SNo,SName,Sex,Age)、SC(SNo,

CNo,Grade)、C(CNo,CName,Teacher)。查找选修"数据库技术"这门课程的学生的学生姓名和成绩,使用连接查询的 SQL 语句如下:

```
SELECTSName,Grade
FROMS,SC,C
WHERE CName = '数据库技术'
AND S. SNo = SC. SNo AND _____
```

三、设计题

1. 设有以下两个数据表,各表中的结果及字段名如下:

图书(Book)包括书号(BNo)、类型(BType)、书名(BName)、作者(BAuth)、单价(BPrice)、出版社号(PNo),出版社(Publish)包括出版社号(PNo)、出版社名称(PName)、所在城市(PCity)、电话(PTel)。

用 SQL 语句实现下述功能:

(1)查找在"高等教育出版社"出版、书名为"操作系统"的图书的作者名。

(2)查找为作者"张欣"出版全部"小说"类图书的出版社的电话。

(3)查找"电子工业出版社"出版的"计算机"类图书的价格,同时输出出版社名称及图书类别。

(4)查找比"人民邮电出版社"出版的"高等数学"价格低的同名书的有关信息。

(5)查找书名中有"计算机"一词的图书的书名及作者。

(6)在"图书"表中增加"出版时间"(BDate)项,其数据类型为日期型。

(7)在"图书"表中以"作者"建立一个索引。

2. 假设有一个书店,书店的管理者要对书店的经营状况进行管理,需要建立一个数据库,其中包括两个表:存书(书号,书名,出版社,版次,出版日期,作者,书价,进价,数量)、销售(日期,书号,数量,金额)。

请用 SQL 语句实现书店管理者的下列要求:

(1)建立存书表和销售表。

(2)掌握书的库存情况,列出当前库存的所有书名、数量、余额(余额=进价×数量,即库存占用的资金)。

(3)统计总销售额。

(4)列出每天的销售报表,包括书名、数量和合计金额(每一种书的销售总额)。

(5)分析畅销书,即列出本期(从当前日期起,向前 30 天)销售数量大于 100 的书名、数量。

3. 设有如下 4 个基本表 S、C、SC、T,结构如图 5-3 所示。

(1)用 SQL 的数据定义语言创建 S 表,S♯ 为主键,SN 不能为空。

(2)创建计算机系学生的视图,该视图的属性列由学号、姓名、课程号和任课教师号组成。

(3)检索计算机系年龄在 20 岁以上的学生学号。

(4)检索姓"王"的教师所讲课程的课程号及课程名称。

(5)检索学生张三所学课程的成绩,列出 SN、C♯ 和 GR。

(6)检索选修总收入超过 1000 元的教师所讲课程的学生姓名、课程号和成绩。

S

S # 学号	SN	AGE 年龄	DEPT 所在系
S_1	丁一	20	计算机
S_2	王二	19	计算机
S_3	张三	19	外语
⋮	⋮	⋮	⋮

C

C # 课程号	CN 课程名称
C_1	数据库
C_2	操作系统
C_3	微机原理
⋮	⋮

SC

S# 学号	C# 课程号	GR 成绩
S_1	C_1	80
S_1	C_2	89
S_2	C_3	59
⋮	⋮	⋮

T

T# 教师号	TN 教师姓名	SAL 工资	COMM 职务津贴	C# 所讲课程
T_1	王力	800		C_1
T_2	张兰	1200	300	C_2
T_3	李伟	700	150	C_1
⋮	⋮	⋮	⋮	⋮

图 5-3 某教学数据库实例

(7)检索没有选修课程 C_1 且选修课程数为两门的学生的姓名和平均成绩,并按平均成绩降序排列。

(8)检索选修和学生张三所选课程中任意一门相同的学生姓名、课程名。

(9)学生 S_1 选修了课程 C_3,将此信息插入 SC 表中。

(10)删除 S 表中没有选修任何课程的学生记录。

实　验

实验 1　数据库的单表查询和连接查询

一、实验目的

1. 掌握无条件查询的使用方法。

2. 掌握条件查询的使用方法。

3. 掌握库函数及汇总查询的使用方法。

4. 掌握分组查询的使用方法。

5. 掌握查询的排序方法。

6. 掌握连接查询的使用方法。

二、实验内容

根据第 4 章创建的学生作业管理数据库及其中的学生表、课程表和学生作业表,进行以下查询操作(每一个查询都要给出 SQL 语句,列出查询结果)。

1. 查询各个学生的学号、班级和姓名。

2. 查询课程的全部信息。

3. 查询数据库中有哪些专业班级。

4. 查询学时数大于 60 的课程信息。

5. 查询在 1986 年出生的学生的学号、姓名和出生日期。

6. 查询 3 次作业的成绩都在 80 分以上的学号、课程号。

7. 查询姓"张"的学生的学号、姓名和专业班级。

8. 查询 05 级的男生信息。

9. 查询没有作业成绩的学号和课程号。

10. 查询学号为 0538 的学生的作业 1 总分。

11. 查询选修了课程 K001 的学生人数。

12. 查询数据库中共有多少个班级。

13. 查询选修 3 门以上(含 3 门)课程的学生的学号和作业 1 平均分、作业 2 平均分和作业 3 平均分。

14. 查询于兰兰的选课信息,列出学号、姓名、课程名(使用两种连接查询的方式)。

实验 2　数据库查询和数据操纵

一、实验目的

1. 掌握各种查询的使用方法。

2. 掌握数据操纵的使用方法。

二、实验内容

根据第 4 章创建的学生作业管理数据库及其中的学生表、课程表和学生作业表,进行以下操作。

1. 使用查询语句完成以下任务(每一个查询都要给出 SQL 语句,并且列出查询结果)。

(1)查询与"张志国"同一班级的学生信息(使用连接查询和子查询方式)。

(2)查询比"计算机应用基础"学时多的课程信息(使用连接查询和子查询方式)。

(3)查询选修课程号为 K002 的学生的学号、姓名(使用连接查询、普通子查询、相关子查询,使用 EXISTS 关键字的相关子查询)。

(4)查询没有选修课程 K001 和 M001 的学号、课程号和 3 次成绩(使用子查询)。

2. 使用数据操纵完成以下任务(每一个任务都要给出 SQL 语句,并且列出查询结果)。

(1)在学生表中添加一条学生记录,其中学号为 0593,姓名为张乐,性别为男,专业班级为电子 05。

(2)将所有课程的学分数变为原来的两倍。

(3)删除张乐的信息。

第6章 索引与视图

通过本章的学习,读者可以理解索引的作用和分类,以及掌握索引的创建、编辑和删除的方法。视图的概念和特点的学习也是本章重点,同时应熟练掌握视图的创建和管理。

6.1 索引概述

数据库系统中的索引类似于图书的目录。在图书中,读者使用目录可以不必翻阅整本书就能根据页数找到所需要的内容。在数据库中,用户在查询数据时使用索引可以不必扫描整个数据库就能找到表中的数据。

在应用系统中,尤其在联机事务处理系统中,数据查询及处理速度已成为衡量应用系统成败的标准,而采用索引加快数据处理速度通常是最普遍的优化方法。索引机制是提升数据库性能的重要机制。

6.1.1 索引的概念

索引是根据表中一列或若干列按照一定顺序建立的列值与记录行之间的对应关系表。索引是依赖于表建立的,提供了数据库中编排表中数据的内部方法。一个表的存储是由两部分组成的,一部分用来存放表的数据页面,另一部分用来存放索引的索引页面,通常索引页面比数据页面要小得多。当进行数据查询时,系统先搜索索引页面,从中找出所需要的数据的指针,再直接通过指针从数据页面中读取数据,从而大大加快查询速度。

虽然通过建立索引可以提高查询效率,节省响应时间,但同时带来了一些问题。带索引的表在数据库中会占据更多的空间,并且为了维护索引,对表中的数据进行插入、更新、删除操作的命令所花费的时间会更长。在设计和创建索引时,我们应该确保性能的提高程度大于系统在存储空间和处理资源方面的代价。

对于数据库管理系统来说,索引并不是必需的,即没有索引的数据库照样正常工作。但是,随着数据表变得越来越大,使用索引的优势就会越来越明显。

6.1.2　索引的设计原则

对于一张数据表,索引的有无和建立方式的不同将会导致不同的查询效果。索引是建立在列上的,因此在设计索引时应该考虑以下原则:

(1)在经常需要搜索的列上创建索引。

(2)在主键、外键上创建索引。

(3)在经常需要排序的列上创建索引。

(4)在需要根据范围进行搜索的列上创建索引。

(5)在经常使用 WHERE 子句和 JOIN 表达式的列上创建索引。

6.1.3　索引的分类

SQL Server 的索引可按以下方式进行分类:按照存储结构,可以分为聚集索引(Clustered Index,也称聚类索引、簇集索引)和非聚集索引(Nonclustered Index,也称非聚类索引、非簇集索引);按照数据的唯一性,可以分为唯一索引(Unique Index)和非唯一索引(Nonunique Index)。

1. 聚集索引

聚集索引是对磁盘上实际数据重新组织并按指定的一个或多个列的值排序。聚集索引中索引存储的值的顺序和表中数据的物理存储顺序是完全一致的。由于聚集索引的索引页面指针指向数据页面,因此使用聚集索引查找数据几乎比使用非聚集索引快。

由于数据只能按照一种方法进行排序,因此每张表只能创建一个聚集索引,并且创建聚集索引需要至少相当于该表 120% 的附加空间,以存放该表的副本和索引中间页。

2. 非聚集索引

SQL Server 默认情况下建立的索引是非聚集索引。非聚集索引不重新组织表中的数据,而是对每一行存储索引列值使用一个指针指向数据所在的页面。换句话说,非聚集索引具有在索引结构和数据本身之间的一个额外级。一个表可以拥有多个非聚集索引,每个非聚集索引按提供访问数据的不同排序。

在创建非聚集索引时,要权衡索引所造成的查询速度的加快与修改速度的降低。

3. 唯一索引

唯一索引是指索引值必须是唯一的。聚集索引和非聚集索引均可用于强制表内的唯一性,方法是在现有表上创建索引时指定 UNIQUE 关键字。确保表内唯一性的另一种方法是使用 UNIQUE 约束。

4. 索引视图

对视图创建唯一聚集索引后,结果集将存储在数据库中,就像带有聚集索引的表一样,这样的视图称为索引视图。也就是说,索引视图是为了实现快速访问而将其结果持续存放于数据库内并创建索引的视图。

索引视图在基础数据不经常更新的情况下效果最佳。维护索引视图的成本可能高于维护表索引的成本。如果基础数据更新频繁,索引视图数据的维护成本就可能超过使用索引视图带来的性能收益。

5. 全文索引

全文索引可以对存储在数据库中的文本数据进行快速检索。全文索引是一种特殊类型的基于标记的功能性索引,由 SQL Server 全文引擎生成和维护。

每个表只允许有一个全文索引。

6.2 索引的操作

6.2.1 SQL Server 创建索引的方法

在 SQL Server 中,索引可以由系统自动创建,也可以由用户手动创建。

1. 系统自动创建索引

系统在创建表中的其他对象时可以附带地创建新索引。通常情况下,在创建 UNIQUE 约束或 PRIMARY KEY 约束时,SQL Server 会自动为这些约束列创建聚集索引。

2. 用户手动创建索引

除了系统自动生成的索引外,也可以根据实际需要,使用对象资源管理器或利用 SQL 语句中的 CREATE INDEX 命令直接创建索引。

6.2.2 利用对象资源管理器创建索引

在 SQL Server Management Studio 中,可以利用对象资源管理器创建索引。启动 SQL Server Management Studio,在对象资源管理器中选择"教学管理数据库"→"表"→"学生基本信息表"→"索引"选项,右击,在弹出的快捷菜单中选择"新建索引"命令,打开"新建索引"窗口,如图 6-1 所示。

1. "常规"页

(1)选择"新建索引"窗口中的"常规",如图 6-2 所示。

(2)在该页中定义索引名称、索引类型、唯一性。单击"添加"按钮,打开创建索引的表,定义索引列,单击"确定"按钮,如图 6 - 3 所示。

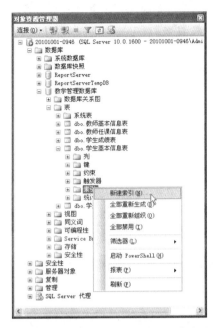

图 6 - 1　在学生基本信息表上创建索引

图 6 - 2　"常规"页

图 6-3　定义索引列

（3）索引列定义完成后的"常规"页如图 6-4 所示，在"索引键列"下的"排序顺序"中选择索引键的排序顺序。

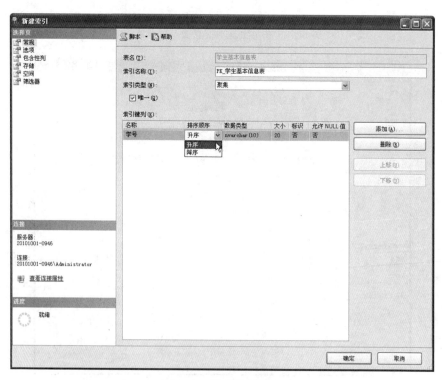

图 6-4　设置排序顺序

2."选项"页

选择"新建索引"窗口中的"选项",如图 6－5 所示。

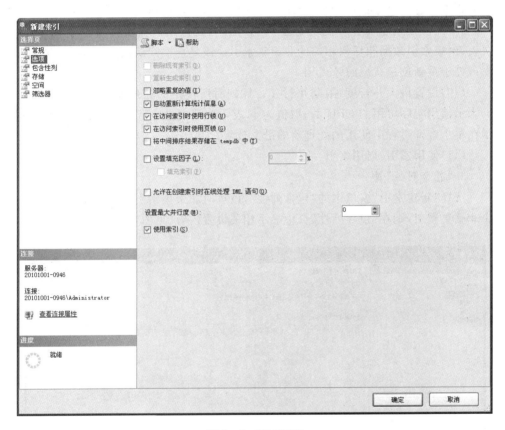

图 6－5　"选项"页

(1)删除现有索引:指定在创建新索引之前删除任何现有的同名索引,该复选框在已经存在索引的前提下可以使用。

(2)重新生成索引:当该窗口被打开时,该复选框默认没有选中。

(3)忽略重复的值:指定忽略重复值。

(4)自动重新计算统计信息:自动更新索引统计信息。该复选框默认处于选中状态。

(5)在访问索引时使用行锁:允许使用行级锁定。该复选框默认处于选中状态。

(6)在访问索引时使用页锁:允许使用页级锁定。该复选框默认处于选中状态。

(7)将中间排序结果存储在 tempdb 中:将用于创建索引的中间排序结果存储

在 tempdb 数据库中。该复选框默认没有选中。

（8）设置填充因子：在创建索引过程中，SQL Server 对各索引页的叶级进行填充的程度。选中复选框，表示将按照指定的填充因子进行填充。

（9）允许在创建索引时在线处理 DML 语句：允许用户在操作过程中，访问底层表、聚集索引数据和任何相关的非聚集索引。该复选框默认没有选中，只有在该窗口处于重新创建状态时才可用。

（10）设置最大并行度：限制执行并行计划时所使用的处理器数。其默认值为 0，表示使用实际可用的 CPU 数；取值为 1，表示取消生成并行计划；设置大于 1，表示在单个查询过程中使用的处理器的最大数量。

（11）使用索引：启用索引。

3.“包含列性”页

选择“新建索引”窗口中的“包含列性”，该页对非聚集索引可用。例如，新建一个非聚集索引，则在“包含列性”页中显示相关设置内容（见图 6-6）。

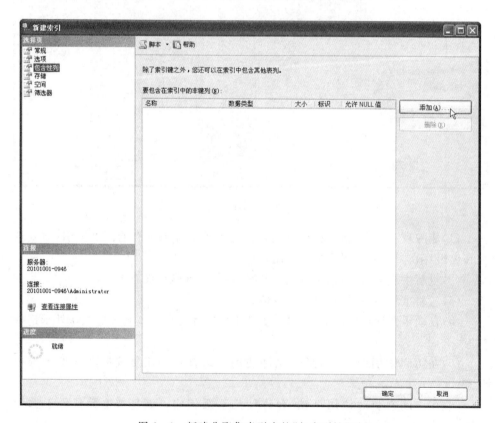

图 6-6　新建非聚集索引中的“包含列性”页

SQL Server 的非聚集索引的叶级页中除了包含键值外,还可以包含其他列的值。可以通过"添加"按钮把表中其他列添加到非聚集索引键值中。

4."存储"页

选择"新建索引"窗口中的"存储",如图 6-7 所示,该页用于设置索引的文件组和分区属性。

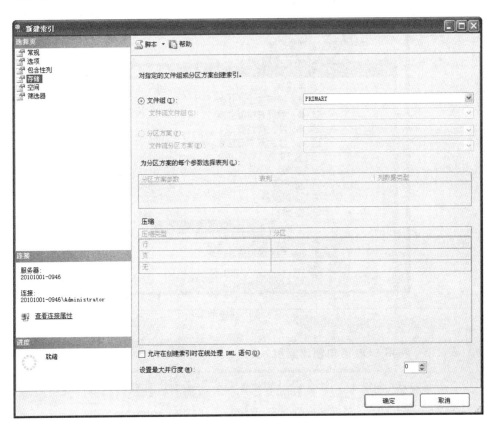

图 6-7 "存储"页

5."空间"页

选择"新建索引"窗口中的"空间",只有包含空间数据类型的列才支持空间索引。

6."筛选器"页

选择"新建索引"窗口中的"筛选器",该页对非聚集索引可用。例如,创建非聚集索引,在"筛选器"页中可以输入筛选表达式。

成功创建的索引如图 6-8 所示。

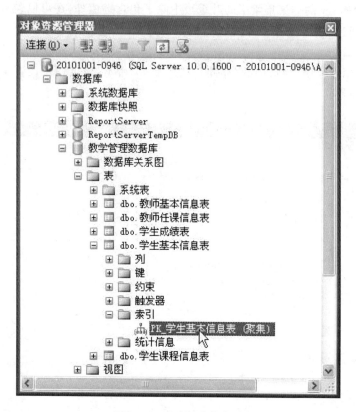

图 6-8 成功创建的索引

6.2.3 利用 SQL 语句创建索引

SQL Server 提供了 CREATE INDEX 命令用于创建索引,其语法格式如下:

```
CREATE [ UNIQUE ]  [ CLUSTERED | NONCLUSTERED ]  INDEX  index_name
ON { table_name | view_name }(column_name [ASC | DESC]  [,…n])
[ WITH [PAD_INDEX]  [[,]  FILLFACTOR = fillfactor ]
[[,]  IGNORE_DUP_KEY ]
[[,]  DROP_EXISTING ]
[[,]  STATISTICS_NORECOMPUTE ]
[[,]  SORT_IN_TEMPDB ]]
[ON filegroup ]
```

参数说明如下:

(1) UNIQUE:用于指定为表或视图创建唯一索引。

(2) CLUSTERED:用于指定创建的索引为聚集索引。

（3）NONCLUSTERED：用于指定创建的索引为非聚集索引。

（4）index_name：用于指定创建的索引名称。

（5）table_name：用于指定创建索引的表名称。

（6）view_name：用于指定创建索引的视图名称。

（7）ASC|DESC：用于指定某个具体索引列的升序或降序排序方式。

（8）column_name：用于指定被索引的列。

（9）FILLFACTOR：填充因子。

（10）DROP_EXISTING：用于指定应删除并重新创建同名的先前存在的聚集索引或非聚集索引。

（11）STATISTICS_NORECOMPUTE：用于指定过期的索引，不自动重新计算。

（12）SORT_IN_TEMPDB：用于指定创建索引时的中间排序结果，数据将存储在 tempdb 数据库中。

［例6-1］ 使用 CREATE INDEX 语句为学生基本信息表创建一个非聚集索引，索引字段为姓名，索引名为 idx_name。

```
CREATE NONCLUSTERED INDEX idx_name
ON 学生基本信息表（姓名）
```

例6-1的执行过程如图6-9所示，执行结果如图6-10所示。

［例6-2］ 使用 CREATE INDEX 语句为学生课程信息表创建一个唯一聚集索引，索引字段为课程号，索引名为 idx_course_id，要求成批插入数据时忽略重复值，不重新计算统计信息，填充因子取40。

```
CREATE UNIQUE CLUSTERED INDEX idx_course_id
        ON 学生课程信息表（课程号）
    WITH PAD_INDEX,
FILLFACTOR = 40,
    IGNORE_DUP_KEY,
STATISTICS_NORECOMPUTE
```

图6-9 例6-1的执行过程

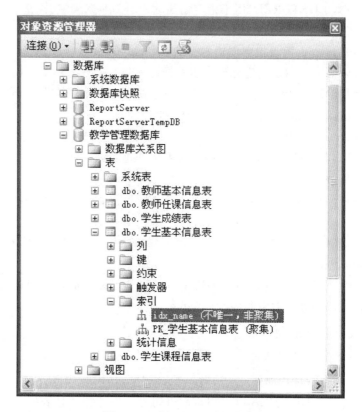

图 6-10 例 6-1 的执行结果

6.3 管理索引

索引创建之后,利用 SQL Server Management Studio 的对象资源管理器或者 SQL 语句对索引进行管理。对索引的管理操作包括查看索引定义、修改索引定义、更名索引、删除索引等。

6.3.1 查看索引定义

1. 利用对象资源管理器查看索引定义

在 SQL Server Management Studio 中,可利用对象资源管理器查看索引定义信息。启动 SQL Server Management Studio,在对象资源管理器中选择"教学管理数据库"→"表"→"学生基本信息表"→"索引"选项,展开已建立的索引信息,如图 6-11 所示。

图 6-11　查看索引定义

2. 利用系统存储过程查看索引定义

利用系统提供的存储过程 sp_helpindex 可以查看索引信息,其语法格式如下:

sp_helpindex [@objname =] 'object_name'

其中,[@objname＝] 'object_name'表示所要查看的当前数据库中表的名称。

[**例 6-3**]　查看教学管理数据库中学生基本信息表的索引信息。

Exec sp_helpindex 学生基本信息表

例 6-3 的执行过程如图 6-12 所示。

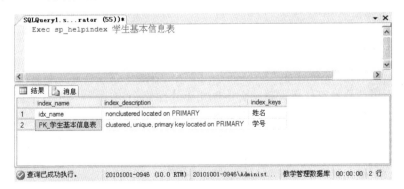

图 6-12　例 6-3 的执行过程

6.3.2 修改索引定义

1. 利用对象资源管理器修改索引定义

利用对象资源管理器修改索引定义与查看索引定义的操作类似。在对象资源管理器中选择"教学管理数据库"→"表"→"学生基本信息表"→"索引"选项,右击索引"PK_学生基本信息表",在弹出的快捷菜单中选择"属性"命令,打开属性窗口,修改属性,如图 6-13 所示。

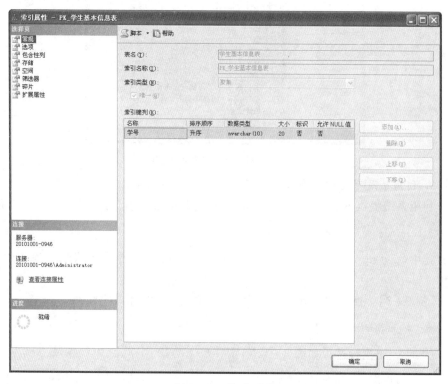

图 6-13 修改索引

2. 利用 SQL 语句修改索引定义

SQL Server 虽然提供了 SQL 语句 ALTER INDEX,但是此语句与索引维护有关,而与索引结构没有任何关系。它不能用于修改索引定义,如添加或删除列,或更改列的顺序,只能通过重新组织索引或重新生成索引来修复索引碎片。

在实际使用中,如果需要修改索引的组成,往往通过先删除索引,然后重新定义索引,再利用 ALTER INDEX 使新定义索引生效的方法来完成。

修改索引的语法结构如下:

```
ALTER INDEX { index_name | ALL }
```

```
ON<object>
{ REBUILD
  [  [ WITH(<rebuild_index_option>[,…n ])]
    | [ PARTITION = partition_number
      [ WITH(<single_partition_rebuild_index_option>
         [,…n ])
      ]
    ]
  ]
  |  DISABLE
  |  REORGANIZE
  [ PARTITION = partition_number ]
  [ WITH(LOB_COMPACTION = { ON | OFF})]
|  SET(<set_index_option>[,…n ])
}
[;]
```

参数说明如下：

① index_name：索引的名称。

② object：表或视图的名称。

③ REBUILD：重建索引。

④ rebuild_index_option：重建索引参数。

⑤ REORGANIZE：重新组织索引。

⑥ set_index_option：设置索引参数。

⑦ single_partition_rebuild_index_option：单一分区重建索引参数。

6.3.3　更名索引

1. 利用对象资源管理器更名索引

(1)启动 SQL Server Management Studio。

(2)在对象资源管理器中选择"教学管理数据库"→"表"→"学生基本信息表"→"索引"→"PK_学生基本信息表"，右击，从弹出的快捷菜单中选择"重命名"命令。

(3)索引名处于编辑状态，输入新的索引名称。

2. 利用系统存储过程更名索引

利用系统提供的存储过程 sp_rename 可以对索引进行重命名，其语法格式如下：

```
sp_rename [ @objname = ] ' objname_name',[ @newname = ] 'new_name'[,[ @objtype
```

```
 =〛  'object_type'〛;
```

其中：

(1)〔@objname=〕' objname_name'表示要更名的索引名称。

(2)〔@newname=〕' new_name'表示新的名称。

(3)〔@objtype=〕' object_type' 在此为 INDEX。

[例6-4] 将学生基本信息表中的索引"PK_学生基本信息表"更名为 idx_stu _info。

```
Exec sp_rename'PK_学生基本信息表',' idx_stu_info'
```

6.3.4 删除索引

当一个索引不再需要时，可对其进行删除操作，以释放存储空间。删除索引既可以使用对象资源管理器，也可以使用 SQL 语句。

1. 利用对象资源管理器删除索引

(1)启动 SQL Server Management Studio。

(2)在对象资源管理器中选择"教学管理数据库"→"表"→"索引"，右击要删除的索引，从弹出的快捷菜单中选择"删除"命令，即可删除索引。

2. 利用 SQL 语句删除索引

删除索引的语法格式如下：

```
DROP INDEX table_name. index_name〔,…n〕
```

或

```
DROP INDEX index_name ON table_name
```

其中，index_name 为所要删除的索引的名称。删除索引时，不仅要指定索引，而且必须要指定索引所属的表名(table_name)或视图名。

[例6-5] 删除学生基本信息表中的 idx_name 索引。

```
DROP INDEX 学生基本信息表 . idx_name
```

DROP INDEX 不能删除系统自动创建的索引，如主键或唯一性约束索引，也不能删除系统表中的索引。

6.4 维护索引

某些不合适的索引会影响到 SQL Server 的性能，随着应用系统的运行，数据不断地发生变化，当数据变化达到某一个程度时将会影响索引的使用，这时需要对索引进行维护。索引的维护包括重建索引和更新索引统计信息。

6.4.1 重建索引

重建非聚集索引可以降低分片。重建索引实际上是重新组织 B -树空间。无论何时对基础数据执行插入、更新或删除操作，SQL Server 数据库引擎都会自动维护索引。在 SQL Server 中，可以通过重新组织索引或重新生成索引来修复索引碎片，维护 I/O 的效率。

SQL Server 提供了多种维护索引的方法。

1. 检查整理索引碎片

SQL Server 的索引数据是随着表数据的更新而自动维护的，在执行 INSERT、UPDATE 和 DELETE 操作后，数据库引擎都会自动维护索引。随着时间的推移，这些修改可能会导致索引中的信息分散在数据库中，本来可以存储在一个页中的索引却存储在两个或者更多的页中，这样的情况称为索引中有碎片。在 SQL 语句中，使用 DBCC SHOWCONTIG 检查有无索引碎片，使用 DBCC IN-DEXDEFRAG 整理索引碎片。

DBCC SHOWCONTIG 语句用来显示指定表的数据和索引的碎片信息。当对表进行大量修改或添加数据之后，应该执行此语句来查看有无碎片。其语法格式如下：

```
DBCC SHOWCONTIG([ { table_name | table_id | view_name | view_id },index_name | index_
id ])
```

[**例 6 - 6**] 检查教学管理数据库中学生基本信息表的索引 idx_name 的碎片信息。

```
DBCC SHOWCONTIG(学生基本信息表,idx_name)
```

使用 DBCC INDEXDEFRAG 语句整理表中的索引碎片，其语法格式如下：

```
DBCC INDEXDEFRAG([{ database_name | database_id},{ table_name | table_id | view_name
| view_id },index_name | index_id ])
```

[**例 6 - 7**] 整理教学管理数据库中学生基本信息表的索引 idx_name 上的碎片。

```
DBCC INDEXDEFRAG(教学管理数据库,学生基本信息,idx_name)
```

2. 重新组织索引

重新组织索引通过对叶级页进行物理重新排序，使其与叶节点的逻辑顺序（从左到右）相匹配，从而对表或视图的聚集索引和非聚集索引的叶级页进行碎片整理。页有序排列可以提高索引扫描的性能。

（1）利用对象资源管理器重新组织索引

启动 SQL Server Management Studio，在对象资源管理器中选择"教学管理数据库"→"表"→"学生基本信息表"→"索引"→"PK_学生基本信息表"，右击，从弹出的快捷菜单中选择"重新组织"命令，弹出"重新组织索引"对话框，在"重新组织索引"对话框中显示要重新组织索引的信息，单击"确定"按钮。

（2）利用 SQL 语句重新组织索引

使用 ALTER INDEX REORGANIZE 语句按逻辑顺序重新排序索引的叶级页。重新组织学生基本信息表中的索引"PK_学生基本信息表"可使用如下语句：

```
ALTER INDEX PK_学生基本信息表 on 学生基本信息表 REORGANIZE
```

由于这是联机操作，因此在语句运行时仍可使用索引。此方法的缺点是在重新组织数据方面不如索引重新生成操作的效果好，而且不更新统计信息。

3. 重新生成索引

重新生成索引将删除原索引并创建一个新索引。此过程中将删除碎片，通过使用指定的或现有的填充因子设置压缩页来回收磁盘空间，并在连续页中对索引行重新排序（根据需要分配新页）。这样可以减少获取所请求数据所需要的页读取数，从而提高磁盘性能。可以使用两种方法重新生成聚集索引和非聚集索引：带 REBUILD 子句的 ALTER INDEX，带 DROP_EXISTING 子句的 CREATE IN-DEX。

（1）利用对象资源管理器重新生成索引

启动 SQL Server Management Studio，在对象资源管理器中选择"教学管理数据库"→"表"→"学生基本信息表"→"索引"→"PK_学生基本信息表"，右击，从弹出的快捷菜单中选择"重新生成"命令，弹出"重新生成索引"对话框，在"重新生成索引"对话框中显示要重新组织索引的信息，单击"确定"按钮。

（2）利用 SQL 语句重新生成索引

使用 ALTER INDEX REBUILD 语句重新生成索引。重新生成学生基本信息表中的索引"PK_学生基本信息表"可使用如下语句：

```
ALTER INDEX PK_学生基本信息表 on 学生基本信息表 REBUILD
```

这种方法的缺点是索引在删除和重新创建周期内为脱机状态，并且操作属原子级。如果中断索引创建，则不会重新创建该索引。

6.4.2　更新索引统计信息

当在一个包含数据的表上创建索引时，SQL Server 会创建分布数据页来存放有关索引的两种统计信息：分布表和密度表。优化器利用此页来判断该索引对某个特定查询是否有用。当表的数据改变之后,统计信息有可能是过时的,从而影响优化器追求的最有效工作的目标。因此,需要对索引统计信息进行更新。

其语法格式如下:

```
UPDATE STATISTICS table_or_indexed_view_name
    [ { { index_or_statistics_name }
    |({ index_or_statistics_name } [,…n ])}
    ]
    [ WITH
        [ [ FULLSCAN ]
          | SAMPLE number { PERCENT | ROWS } ]
          | RESAMPLE
          |<update_stats_stream_option>[,…n ]
        ]
        [ [,]  [ ALL | COLUMNS | INDEX ]
        [ [,]  NORECOMPUTE ]
];
```

参数说明如下:

(1) table_or_indexed_view_name:要更新其统计信息的表或索引视图的名称。

(2) index_or_statistics_name:要更新其统计信息的索引的名称,或要更新的统计信息的名称。

(3) FULLSCAN:通过扫描表或索引视图中的所有行来计算统计信息。

(4) SAMPLE number {PERCENT | ROWS }:查询优化器更新统计信息时要使用的表或索引视图中近似的百分比或行数。

(5) RESAMPLE:使用最近的采样速率更新每个统计信息。

(6) ALL | COLUMNS | INDEX:指定 UPDATE STATISTICS 语句是否影响列统计信息、索引统计信息或所有现有统计信息。

(7) NORECOMPUTE:指定不自动重新计算过期统计信息。

[例 6-8]　更新教学管理数据库中学生基本信息表中全部索引的统计信息。

UPDATE STATISTICS 学生基本信息表

6.5　视图概述

在数据查询中,可以看到数据表设计过程中会考虑数据的冗余度、数据一致性等问题,通常设计数据表要满足范式的要求,因此会导致一个实体的所有信息保存在多个表中。当检索数据时，往往在一个表中不能得到想要的所有信息。为了解决这种矛盾，SQL Server 提供了视图功能。

视图是一个虚拟表，其内容由查询定义。同基本表一样，视图包含一系列带有名称的列和行数据。视图在数据库中并不是以数据值存储集形式存在的，除非是索引视图。行和列数据来自定义视图的查询所引用的基本表，并且在引用视图时动态生成。

视图是一种数据库对象，为用户提供了一种检索数据表中数据的方式，其中保存的是对一个或多个数据表(或其他视图)的查询定义。视图被定义后便存储在数据库中。对视图中数据的操作与对表的操作一样，可以进行查询、修改和删除等，但要满足一定的条件。当对视图中的数据进行修改时，相应基表的数据也将发生变化；同样，若基表的数据发生变化，也会自动地反映到视图中来。视图也和数据表一样，能成为另一个视图所引用的表。

使用视图有以下几个优点。

1. 简化查询语句

通过视图可以将复杂的查询语句变得更简单。用户不必了解数据库及实际表的结构，就可以利用视图方便地使用和管理数据。因为，可以把经常使用的连接、投影和查询语句定义为视图，这样在每一次执行相同查询时，不必重新编写这些复杂的语句，只要一条简单的查询视图语句就可以实现相同的功能。

因此，视图向用户隐藏了对基表数据筛选或表与表之间连接等复杂的操作，简化了用户的操作。

2. 增加可读性

由于视图中可以只显示有用的字段，并且可以使用字段别名，因此能方便用户浏览查询的结果。视图中可以只显示用户感兴趣的某些特定数据，而那些不需要的或者无用的数据则不在视图中显示。视图还可以让不同的用户以不同的方式看同一个数据集内容，体现数据库的"个性化"要求。

3. 保证数据逻辑独立性

视图对应数据库的外模式。如果应用程序使用视图来存取数据，那么当数据表的结构发生改变时，只需要更改视图定义的查询语句即可，不需要更改程序，方便程序的维护，保证了数据的逻辑独立性。

4. 增加数据的安全性和保密性

针对不同的用户，可以创建不同的视图，此时的用户只能查看和修改其所能看到的视图中的数据，而真正的数据表中的数据甚至连数据表都是不可见、不可访问的，这样可以限制用户浏览和操作的数据内容。另外，视图所引用的表的访问权限与视图的权限设置也不相互影响，同时视图的定义语句也可加密。

6.6　视图的操作

用户可以根据自己的需要创建视图。创建视图与创建数据表一样,SQL 可以使用 SQL Server Management Studio 的对象资源管理器和 SQL 语句两种方法。

6.6.1　利用对象资源管理器创建视图

(1)启动 SQL Server Management Studio,在对象资源管理器中选择"数据库"→"教学管理数据库"→"视图"选项,右击,在弹出的快捷菜单中选择"新建视图"命令,如图 6-14 所示。

图 6-14　选择"新建视图"命令

(2)弹出图 6-15 所示的"添加表"对话框,在"表"选项卡的下拉列表中选择"学生基本信息表",单击"添加"按钮。

(3)出现图 6-16 所示的视图设计器窗口。

该窗口中主要区域的功能如下。

表选择区:添加或者删除用于定义视图的表。

列选择区:添加或者删除用于定义视图表的列。

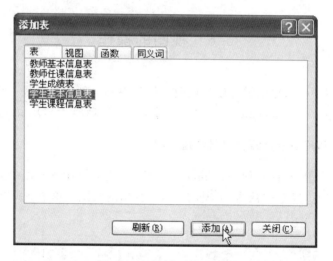

图 6-15 "添加表"对话框

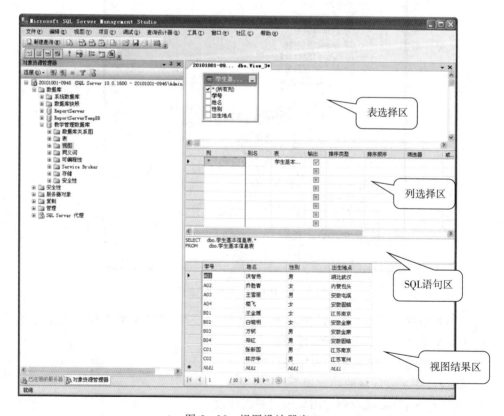

图 6-16 视图设计器窗口

SQL 语句区:定义视图的 SELECT 查询语句。

视图结果区:视图显示的数据。

(4)在表选择区中选择视图要显示的列,这里选择所有列;在列选择区中设置列是否显示以及如何排序等;在 SQL 语句区中可以看到设置产生的 SELECT 语句;单击"运行"按钮,将在视图结果区显示视图的结果。

(5)单击"保存"按钮,弹出图 6 - 17 所示的"选择名称"对话框,在"输入视图名称"文本框中输入名称,单击"确定"按钮。

图 6 - 17　输入视图名称

6.6.2　利用 SQL 语句创建视图

利用 CREATE VIEW 语句可以创建视图,该命令的基本语法如下:

```
CREATE VIEW [ schema_name. ]  view_name [(column [,…n ])]
[ WITH ENCRYPTION ]
AS SELECT_statement
[ WITH CHECK OPTION ]
```

参数说明如下:

(1) schema_name:视图所属架构名。

(2) view_name:视图名。

(3) column:视图中所使用的列名。

(4) WITH ENCRYPTION:加密视图。

(5) SELECT_statement:搜索语句。

(6) WITH CHECK OPTION:强制针对视图执行的所有数据修改语句都必须符合条件。

[例 6 - 9]　创建一个视图 v_example1,用于查看出生地是安徽金寨的学生的学号、姓名和性别信息,并用 WITH CHECK OPTION 强制选项。

```
CREATE VIEW v_example1
AS
```

```
SELECT 学号,姓名,性别
FROM 学生基本信息表
WHERE 出生地点 = '安徽金寨'
WITH CHECK OPTION
```

［例 6-10］ 创建一个视图 v_example2,用于查看学生的学号、姓名和性别信息,并修改其字段名。

```
CREATE VIEW v_example2(stu_id,name,sex)
AS
SELECT 学号,姓名,性别
FROM 学生基本信息表
```

［例 6-11］ 创建一个视图 v_example3,用于查看学生的学号、姓名、课程和成绩信息,并用 WITH ENCRYPTION 加密。

```
CREATE VIEW v_example3
WITH ENCRYPTION
AS
SELECT 学生基本信息表 . 学号,姓名,课程名称,成绩
FROM 学生基本信息表,学生课程信息表,学生成绩表
WHERE 学生基本信息表 . 学号 = 学生成绩表 . 学号
AND 学生课程信息表 . 课程号 = 学生成绩表 . 课程号
```

［例 6-12］ 创建一个视图 v_example4,用于查看学生的学号、姓名和平均成绩。

```
CREATE VIEW v_example4(学号,姓名,平均成绩)
AS
SELECT 学号,姓名,AVG(成绩)
FROM v_example3
GROUP BY 学号,姓名
```

6.7　管理视图

在视图使用过程中,可能经常会发生基表改变,而使视图无法正常工作的情况,此时就需要重新修改视图的定义。另外,一个视图如果不再具有使用价值,则可以将其删除。视图创建之后,可利用 SQL Server Management Studio 或者 SQL 语句对视图进行管理。

6.7.1 查看视图定义

1. 利用对象资源管理器查看视图定义

在 SQL Server Management Studio 中,通过对象资源管理器查看视图定义内容的方法与查看数据表内容的方法几乎一致。启动 SQL Server Management Studio,在对象资源管理器中选择"数据库"→"教学管理数据库"→"视图"→"学生基本信息视图"→"列"选项,如图 6 - 18 所示。

图 6 - 18　查看视图

2. 利用系统存储过程查看视图定义

视图的定义和属性信息都保存在系统数据库和系统数据表中,可以通过系统提供的存储过程来获取有关视图的定义信息。

(1) sp_help:用于返回视图的特征信息。

(2) sp_helptext:查看视图的定义文本。

(3) sp_depends:查看视图对表的依赖关系和引用的字段。

[例 6 - 13]　查询学生基本信息视图的相关特征信息。

Exec sp_help 学生基本信息视图

例 6 - 13 的执行结果如图 6 - 19 所示。

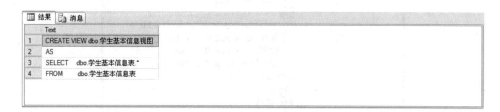

图 6 - 19   例 6 - 13 的执行结果

[**例 6 - 14**]   查询学生基本信息视图的定义信息。

Exec sp_helptext 学生基本信息视图

例 6 - 14 的执行结果如图 6 - 20 所示。

图 6 - 20   例 6 - 14 的执行结果

[**例 6 - 15**]   查询学生基本信息视图的参照对象。

Exec sp_depends 学生基本信息视图

6.7.2   修改视图定义

1. 利用对象资源管理器修改视图定义

（1）启动 SQL Server Management Studio。

（2）在对象资源管理器中选择"数据库"→"教学管理数据库"→"视图"→"学生基本信息视图"选项，右击，从弹出的快捷菜单中选择"设计"命令，打开视图设计器，可以查看并修改所选视图的定义信息。

（3）修改完成后，单击"保存"按钮，SQL Server 数据库引擎会依据用户的设置完成视图的修改。

2. 利用 SQL 语句修改视图定义

利用 ALTER VIEW 语句可以修改视图定义,该命令的基本语法如下:

```
ALTER VIEW [ schema_name. ]  view_name[(column [,…n ])]
[ WITH ENCRYPTION ]
AS
SELECT_statement
[ WITH CHECK OPTION ]
```

其中,参数的含义与创建视图 CREATE VIEW 命令中的参数含义相同。

[**例 6 - 16**] 修改视图 v_example1 定义,增加查看学生出生地点。

```
ALTER VIEW v_example1
AS
SELECT 学号,姓名,性别,出生地点
FROM 学生基本信息表
```

[**例 6 - 17**] 修改视图 v_example3 定义,去除加密性。

```
ALTER VIEW v_example3
AS
SELECT 学生基本信息表. 学号,姓名,课程名称,成绩
FROM 学生基本信息表,学生课程信息表,学生成绩表
WHERE 学生基本信息表. 学号 = 学生成绩表. 学号
AND 学生课程信息表. 课程号 = 学生成绩表. 课程号
```

6.7.3 更名视图

1. 利用对象资源管理器更名视图

(1)启动 SQL Server Management Studio。

(2)在对象资源管理器中选择"数据库"→"教学管理数据库"→"视图"→"学生基本信息视图"选项,右击,从弹出的快捷菜单中选择"重命名"命令。

(3)视图名处于编辑状态,输入新的视图名称。

2. 利用系统存储过程更名视图

利用系统提供的存储过程 sp_rename 可以对视图进行重命名,其语法格式如下:

```
sp_rename [ @objname = ]'object_name',
[ @newname = ]  'new_name'
[,[@objtype = ]'object_type' ]
```

参数说明如下。

(1)［@objname＝］'object_name'：表示现有用户对象或数据类型的名称，如表、视图、列、存储过程、触发器、默认值、数据库、对象或规则等的名称。

(2)［@newname＝］'new_name'：表示对指定对象进行重命名的新名称。新命名的视图名称必须符合标识符的命名规则。

(3)［@objtype＝］'object_type'：表示将要被重命名的对象的类型，默认类型为 NULL。

［例 6-18］ 将视图 v_example1 更名为 v_stu。

```
Exec sp_rename'v_example1','v_stu'
```

6.7.4　删除视图

当一个视图不再需要时，可对其进行删除操作，以释放存储空间。删除视图的方法与删除数据表的方法类似，既可以使用对象资源管理器，也可以使用 SQL 语句。

1. 利用对象管理器删除视图

(1)启动 SQL Server Management Studio。

(2)在对象资源管理器中选择"数据库"→"教学管理数据库"→"视图"→"学生基本信息视图"选项，右击，从弹出的快捷菜单中选择"删除"命令，弹出"删除对象"对话框。

(3)在"删除对象"对话框中显示删除对象的属性信息，单击"确定"按钮。

2. 利用 SQL 语句删除视图

删除视图的语法格式如下：

```
DROP VIEW view_name [,…n ]
```

其中，view_name 为要删除的视图的名称。

［例 6-19］ 删除学生基本信息视图。

```
DROP VIEW 学生基本信息视图
```

视图删除后，只会删除视图在数据库中的定义，而与视图有关的数据表中的数据不会受到任何影响，同时由此视图导出的其他视图依然存在，但已无任何意义。

6.8　利用视图管理数据

在创建视图之后，可以通过视图对基表的数据进行管理。但是，无论在什么时候对视图的数据进行管理，实际上都是在对视图对应的数据表中的数据进行管理。

6.8.1　利用视图查询数据

1. 利用对象资源管理器查询视图数据

在 SQL Server Management Studio 中查看视图数据的方法与查看数据表内容的方法几乎一致。

启动 SQL Server Management Studio,在对象资源管理器中选择"数据库"→"教学管理数据库"→"视图"→"学生基本信息视图"选项,右击,从弹出的快捷菜单中选择"选择前 1000 行"命令。

2. 利用 SQL 语句查询视图数据

在 SQL 语句中,使用 SELECT 语句可以查看视图的内容,其用法与查看数据表内容的用法一样,区别只是把数据表名改为视图名,在此不再赘述。

[例 6-20]　查询视图 v_example3 中学号为 C02 学生的"高级语言程序设计"课程成绩。

```
SELECT *
FROM v_example3
WHERE 学号 = 'C02' AND 课程名称 = '高级语言程序设计'
```

6.8.2　利用视图插入数据

利用视图向基表插入数据时,必须满足一定的限制条件。

1. 利用对象管理器插入数据

在 SQL Server Management Studio 中插入数据的方法与向数据表插入数据的方法几乎一致。

启动 SQL Server Management Studio,在对象资源管理器中选择"数据库"→"教学管理数据库"→"视图"→"学生基本信息视图"选项,右击,从弹出的快捷菜单中选择"编辑前 200 行"命令。

出现学生基本信息视图,可直接在视图中输入所要添加的学生信息。

2. 利用 SQL 语句插入数据

在 SQL 语句中,通过 INSERT 语句向视图插入数据,其用法与向数据表插入数据的用法一样,区别只是把数据表名改为视图名,在此不再赘述。

[例 6-21]　在学生基本信息视图中插入一个学生的信息,学号为 C03,姓名为王明,性别为男,出生地点为安徽蚌埠。

```
INSERT INTO 学生基本信息视图(学号,姓名,性别,出生地点)
VALUES('C03','王明','男','安徽蚌埠')
```

6.8.3 利用视图更新数据

1. 利用对象资源管理器更新数据

在 SQL Server Management Studio 中更新数据的方法与在数据表更新数据的方法几乎一致。

启动 SQL Server Management Studio,在对象资源管理器中选择"数据库"→"教学管理数据库"→"视图"→"学生基本信息视图"命令,右击,从弹出的快捷菜单中选择"编辑前 200 行"命令。

在学生基本信息视图窗口中直接对数据进行更新。

2. 利用 SQL 语句更新数据

在 SQL 语句中,通过 UPDATE 语句更新视图中的数据,其用法与更新数据表中数据的用法一样,区别只是把数据表名改为视图名。同时,如果视图数据来自两个或两个以上的数据表,则 UPDATE 语句一次只允许修改一个数据表中的数据。

[例 6-22] 利用学生基本信息视图,将学号为 C01 的学生姓名改为"张林"。

```
UPDATE 学生基本信息视图
SET 姓名 = '张林'
WHERE 学号 = 'C01'
```

6.8.4 利用视图删除数据

1. 利用对象资源管理器删除数据

在 SQL Server Management Studio 中删除数据的方法与在数据表删除数据的方法几乎一致。

启动 SQL Server Management Studio,在对象资源管理器中选择"数据库"→"教学管理数据库"→"视图"→"学生基本信息视图"选项,右击,从弹出的快捷菜单中选择"编辑前 200 行"命令。在需要删除的数据行前右击,在弹出的快捷菜单中选择"删除"命令,弹出确认删除的对话框,单击"是"按钮,选择的数据将被永久删除。

2. 利用 SQL 语句删除数据

在 SQL 语句中,删除视图中的数据可利用 DELETE 语句,其用法与删除数据表中数据的用法一样,区别只是把数据表名改为视图名。同时,如果视图数据来自两个或两个以上的数据表,则不允许删除该视图数据。

[例 6-23] 利用学生基本信息视图将学号为 C01 的学生信息删除。

```
DELETE FROM 学生基本信息视图
WHERE 学号 = 'C01'
```

本章小结

本章先介绍了索引的相关知识，主要包括索引的概念和优点、索引的创建和管理、索引的维护。索引是一种特殊类型的数据库对象，可以用来提高表中数据的访问速度，并且能够强制实施某些数据的完整性（如记录的唯一性）。通常只在那些在查询条件中使用的字段上建立索引。本章还介绍了视图的相关知识，主要包括视图的概念和优点、视图的创建和管理以及如何利用视图进行数据管理。视图是一个虚拟的表，表中的记录是由一个查询语句执行后得到的查询结果构成的。因此，视图中存储的只是一个查询语句，视图中的数据并不是存在于视图中，而是存在于被引用的数据表中，当被引用的数据表中的记录内容改变时，视图中的记录内容也会随之改变。

习　题

一、选择题

1. 以下关于视图的描述不正确的是（　　）。

A. 视图是外模式

B. 使用视图可以加快查询语句的执行速度

C. 视图是虚表

D. 使用视图可以加快查询语句的编写

2. 当 FROM 子句中出现多个基本表或视图时，系统将执行（　　）操作。

A. 并　　　　　　　　　　　　B. 等值连接

C. 自然连接　　　　　　　　　D. 笛卡儿积

3. 为数据表创建索引的目的是（　　）。

A. 提高查询的检索性能　　　　B. 创建唯一索引

C. 创建主键　　　　　　　　　D. 归类

4. 视图是一种常用的数据对象，它是提供（　　）和（　　）数据的另一种途径，可以简化数据库操作。

A. 查看，存放　　　　　　　　B. 查看，检索

C. 插入，更新　　　　　　　　D. 检索，插入

5. 在 SQL Server 中，索引的顺序和数据表的物理顺序相同的索引是（　　）。

A. 聚集索引　　　　　　　　　B. 非聚集索引

C. 主键索引　　　　　　　　　D. 唯一索引

二、填空题

1. 按照索引记录的存放位置，索引可分为_____与_____。

2. 视图是虚表,其数据不进行存储,只在数据库中存储其_____。

三、设计题

完成第 5 章课后实验 1 中的第 7 小题。

实　验

一、实验目的

1. 掌握创建视图的方法。

2. 掌握修改视图的方法。

3. 掌握查询视图的方法。

4. 掌握更新视图的方法。

5. 掌握删除视图的方法

二、实验内容

根据第四章中创建的学生作业管理数据库及其中的学生表、课程表和学生作业表,进行以下操作。

1. 创建一个电子 05 的学生视图(包括学号、姓名、性别、专业班级、出生日期)。

2. 创建一个生物 05 的学生作业情况视图(包括学号、姓名、课程名、作业 1 成绩、作业 2 成绩、作业 3 成绩)。

3. 创建一个学生作业平均成绩视图(包括学号、作业 1 平均成绩、作业 2 平均成绩、作业 3 平均成绩)。

4. 修改第 2 题中生物 05 的学生作业情况视图,将作业 2 成绩和作业 3 成绩删除。

5. 向电子 05 的学生视图中添加一条记录,其中学号为 0596,姓名为赵亦,性别为男,专业班级为电子 05,出生日期为 1986 - 6 - 8(除了电子 05 的学生视图发生变化之外,查看学生表中发生了什么变化)。

6. 将电子 05 的学生视图中赵亦的性别改为"女"(除了电子 05 的学生视图发生变化之外,查看学生表中发生了什么变化)。

7. 删除电子 05 的学生视图中赵亦的记录。

8. 删除电子 05 的学生视图(给出 SQL 语句即可)。

第7章 数据库的安全管理

安全性是数据库管理系统的重要特征。能否提供全面、完整、有效、灵活的安全机制,往往是衡量一个分布式数据库管理系统是否成熟的重要标志,也是用户是否能选择合适的数据库产品的一个重要判断指标。

SQL Server 系统提供了一整套保护数据安全的机制,包括角色、架构、用户、权限等手段,可以有效地实现对系统访问和数据访问的控制。本章全面讲述 SQL Server 系统的安全管理。

7.1 概 述

数据库安全性包括两个方面的含义,既要保证那些具有数据访问权限的用户能够登录到数据库服务器,并且能够访问数据以及对数据库对象实施各种权限范围内的操作;同时,要防止所有非授权用户的非法操作。SQL Server 提供了既有效又容易的安全管理模式,这种安全管理模式是建立在安全身份验证和访问权限机制上的。

SQL Server 数据库系统的安全管理具有层次性,安全级别可以分为 3 层。第 1 层是 SQL Server 服务器级别的安全性,这一级别的安全性建立在控制服务器登录账号和密码的基础上,即必须具有正确的服务器登录账号和密码才能连接到 SQL Server 服务器。

第 2 层安全性是数据库级别的安全性,用户提供正确的服务器登录账号和密码,通过第 1 层的 SQL Server 服务器的安全性检查之后,将接受第 2 层的安全性检查,即是否具有访问某个数据库的权利。

第 3 层安全性是数据库对象级别的安全性,用户通过了前两层的安全性验证之后,在对具体的数据库安全对象(表、视图、存储过程等)进行操作时,将接受权限检查,即用户要想访问数据库里的对象,必须事先被赋予相应的访问权限,否则系统将拒绝访问。

7.2　登录账号管理

7.2.1　身份验证模式

SQL Server 提供了两种身份验证模式：Windows 身份验证模式和混合身份验证模式（SQL Server 和 Windows 身份验证模式）。

1. Windows 身份验证模式

在 Windows 身份验证模式下，系统会启用 Windows 身份验证并禁用 SQL Server 身份验证，即用户只能通过 Windows 账号与 SQL Server 进行连接。

Windows 身份验证模式主要有以下优点：

（1）数据库管理员的工作可以集中在管理数据库方面，而不是管理用户账户。

（2）Windows 有着更强的用户账户管理工具，可以设置账户锁定、密码期限等。

（3）Windows 的组策略支持多个用户同时被授权访问 SQL Server。

如果网络中有多个 SQL Server 服务器，就可以选择通过 Windows 身份验证机制来完成。

2. 混合身份验证模式

在混合身份验证模式下，系统会同时启用 Windows 身份验证和 SQL Server 身份验证。用户既可以通过 Windows 账号登录，也可以通过 SQL Server 专用账号登录。

混合身份验证模式主要有以下优点：

（1）如果用户是具有 Windows 登录名和密码的 Windows 域用户，则必须提供另一个用于连接 SQL Server 的登录名和密码，因此该种验证模式创建了 Windows 之上的另外一个安全层次。

（2）允许 SQL Server 支持具有混合操作系统的环境，在这种环境中并不是所有用户均由 Windows 域进行验证。

（3）允许用户从未知的或不可信的域进行连接。

（4）允许 SQL Server 支持基于 Web 的应用程序，在这些应用程序中用户可创建自己的标识。

3. 查看和设置身份验证模式

安装 SQL Server 时，安装程序会提示用户选择服务器身份验证模式，并根据用户的选择将服务器设置为 Windows 身份验证模式或 SQL Server 和 Windows 身份验证模式。在使用过程中，用户可以根据需要重新设置服务器的身份验证模式。其具体过程如下：

（1）在 SQL Server Management Studio 的对象资源管理器中右击服务器，在弹出的快捷菜单中选择"属性"命令，如图 7-1 所示。

（2）在"安全性"页中的"服务器身份验证"下选择新的服务器身份验证模式，单击"确定"按钮，如图 7-2 所示。

选中"Windows 身份验证模式"复选框，表示将 SQL Server 服务器设置为 Windows 身份认证模式；选中"SQL Server 和 Windows 身份验证模式"复选框，表示将 SQL Server 服务器设置为混合身份认证模式。

图 7-1　在对象资源管理器中选择"属性"命令

（3）重新启动 SQL Server，使设置生效。

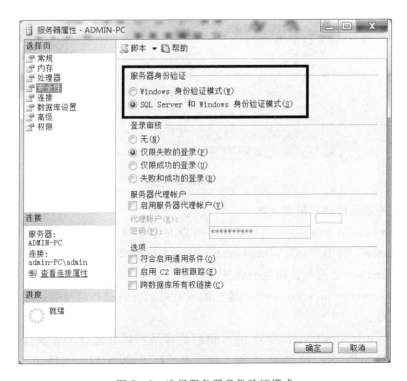

图 7-2　选择服务器身份验证模式

7.2.2　服务器角色

SQL Server 提供了 9 种固定的服务器角色,除此之外用户不能再创建新的服务器角色。在对象资源管理器中展开"安全性"节点,选择"服务器角色"选项,即可看到这 9 种服务器角色,如图 7-3 所示。

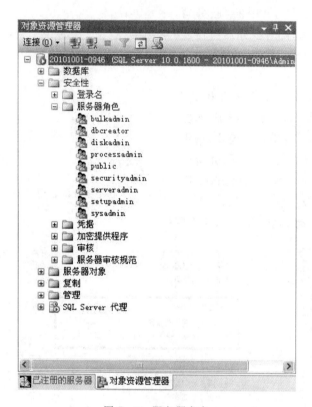

图 7-3　服务器角色

各服务器角色的权限定义如下:

(1) sysadmin:sysadmin 角色的成员可以在服务器上执行任何活动。默认情况下,Windows BUILTIN\Administrators 组(本地管理员组)的所有成员以及 sa 都是 sysadmin 固定服务器角色的成员。

(2) serveradmin:serveradmin 角色的成员可以更改服务器范围的配置选项和关闭服务器。

(3) securityadmin:securityadmin 角色的成员可以管理登录名及其属性。该角色拥有 Grant、Deny 和 Revoke 服务器级别的权限,以及 Grant、Deny 和 Revoke 数据库级别的权限。此外,可以重置 SQL Server 登录名的密码。

（4）processadmin：processadmin 角色的成员可以终止在 SQL Server 实例中运行的进程。

（5）setupadmin：setupadmin 角色的成员可以添加和删除链接服务器。

（6）bulkadmin：bulkadmin 角色的成员可以运行 BULK INSERT 语句。

（7）diskadmin：diskadmin 固定服务器角色用于管理磁盘文件。

（8）dbcreator：dbcreator 固定服务器角色的成员，可以创建、更改、删除和还原任何数据库。

（9）public：每个 SQL Server 登录账号都属于 public 服务器角色。如果未向某个登录账号授予特定权限，该用户将继承 public 角色的权限。

只有 public 角色的权限可以根据需要修改，而且对 public 角色设置的权限，所有的登录账号都会自动继承。

查看和设置 public 角色权限的步骤如下：

（1）右击"public"，在弹出的快捷菜单中选择"属性"命令。

（2）在弹出的"服务器角色属性"对话框的"权限"页中可以查看当前 public 角色的权限并进行修改。

7.2.3　账号管理

1. 创建登录账号

创建登录账号的具体步骤如下：

（1）在对象资源管理器中展开"安全性"节点，右击"登录名"，在弹出的快捷菜单中选择"新建登录名"命令，如图 7-4 所示。

图 7-4　选择"新建登录名"命令

(2)在打开的"登录名-新建"窗口中选择"常规"页,如图7-5所示。

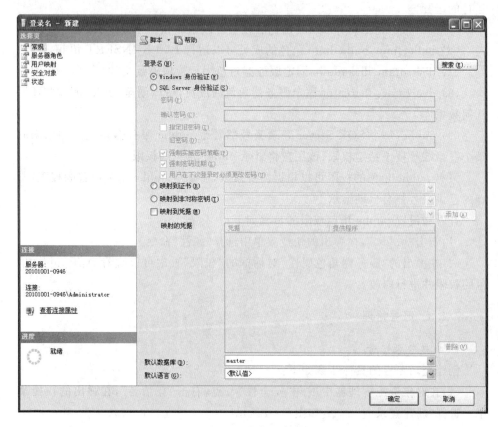

图7-5 "常规"页

"常规"页中有以下内容:

① 登录名:在"登录名"文本框中输入要创建的登录账号名,也可以使用右边的"搜索"按钮弹出"选择用户或组"对话框,查找Windows账户。

② Windows身份验证:指定该登录账号使用Windows集成安全性。

③ SQL Server身份验证:指定该登录账号为SQL Server专用账号,使用SQL Server身份验证。如果选中"SQL Server身份验证"单选按钮,则必须在"密码"和"确认密码"文本框中输入密码,SQL Server不允许使用空密码。根据需要,对"强制实施密码策略""强制密码过期""用户在下次登录时必须更改密码"复选框进行选择。

④ 映射到证书:指定该登录账号与某个证书相关联,可以通过右边的文本框输入证书名。

⑤ 映射到非对称密钥:表示该登录账号与某个非对称密钥相关联,可以在右

边的文本框中输入非对称密钥名称。

　　⑥ 映射到凭据:选中该复选框,则将凭据链接到登录名。

　　⑦ 默认数据库:为该登录账号选择默认的数据库。

　　⑧ 默认语言:为该登录账号选择默认的语言。

　　(3)在"登录名-新建"窗口中选择"服务器角色"页,如图 7－6 所示。这里可以选择将该登录账号添加到某个服务器角色中成为其成员,并自动具有该服务器角色的权限。其中,public 角色自动选中,并且不能删除。

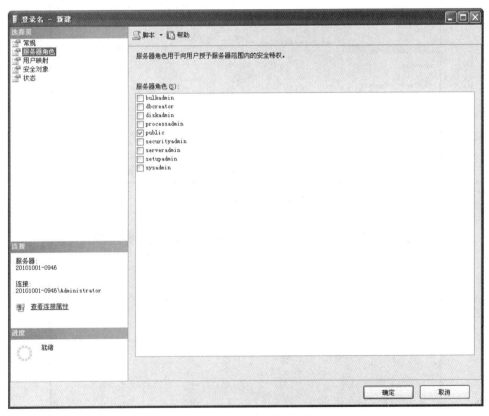

图 7－6　"服务器角色"页

　　(4)在"登录名-新建"窗口中选择"用户映射"页,该页用于设置访问服务器的登录名将使用什么样的数据库用户名访问各数据库,以及具备什么样的数据库角色,如图 7－7 所示。

　　(5)在"登录名-新建"窗口中选择"安全对象"页,在该页中可以设置对特定对象(如服务器、登录名)的权限,如图 7－8 所示。

　　(6)在"登录名-新建"对话框中选择"状态"页,如图 7－9 所示。

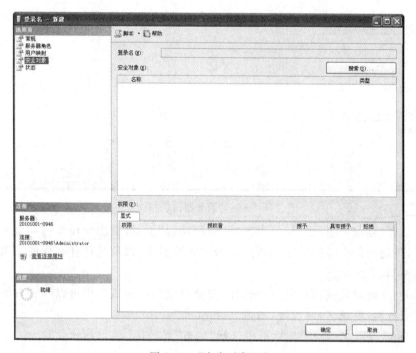

图 7-7 "用户映射"页

图 7-8 "安全对象"页

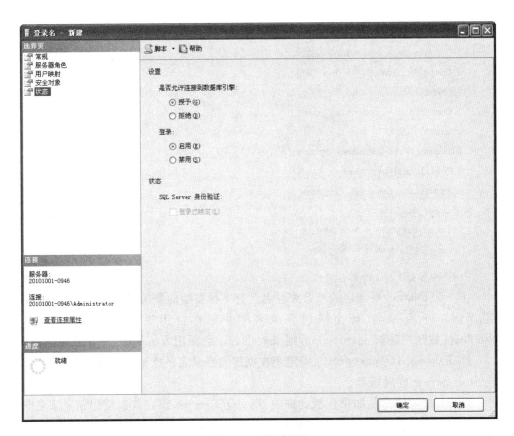

图 7 - 9 "状态"页

"状态"页用来设置与登录相关的选项,主要有以下几个。

① 是否允许连接到数据库引擎:选中"授予"单选按钮,将允许该登录账号连接到 SQL Server 数据库引擎;选中"拒绝"单选按钮,则禁止此登录账号连接到数据库引擎。

② 登录:可以选中"启用"或"禁用"单选按钮来启用或禁用该登录账号。

③ 登录已锁定:选中该复选框,可以锁定使用 SQL Server 身份验证进行连接的 SQL Server 登录账号。

(7)设置完所有需要设置的选项之后,单击"确定"按钮,即可创建登录账号。也可以使用 Create Login 语句创建登录账号,具体的语法格式如下:

```
Create Login loginName { With<option_list1> | From<sources>}
<option_list1>::=
  Password='password' [ Must_Change ]
  [,<option_list2>[,…] ]
```

```
<option_list2>::=
  | Default_Database = database
  | Default_Language = language
  | Check_Expiration = { On | Off}
  | Check_Policy = { On | Off}
  | Credential = credential_name
<sources>::=
  Windows [ With<windows_options>[,…]  ]
  | Certificate certname
  | Asymmetric Key asym_key_name
<windows_options>::=
  Default_Database = database
  | Default_Language = language
```

其中各参数说明如下：

① loginName：要创建的登录账号名。有 4 种类型的登录名：SQL Server 登录名、Windows 登录名、证书映射登录名和非对称密钥映射登录名。如果从 Windows 域账户映射 loginName，则 loginName 必须用方括号（[ ]）括起来。

② Password='password'：指定正在创建的登录名的密码，该选项仅适用于创建 SQL Server 登录账号。

③ Must_Change：如果包括此选项，则 SQL Server 将在首次使用新登录名时提示用户输入新密码。该选项仅用于创建 SQL Server 账号。

④ Default_Database=database：指定该登录名的默认数据库。如果未包括此选项，则默认数据库将设置为 master。

⑤ Default_Language=language：指定该登录名的默认语言。

⑥ Check_Expiration={On|Off}：仅适用于 SQL Server 登录名，指定是否对此登录账户强制实施密码过期策略。其默认值为 Off。

⑦ Check_Policy={On|Off}：仅适用于 SQL Server 登录名，指定应对此登录名强制实施运行 SQL Server 的计算机的 Windows 密码策略。其默认值为 On。

⑧ Credential=credential_name：指定该登录名映射到凭据名。

⑨ Windows：指定该登录账号为 Windows 登录账号。

⑩ Certificate certname：指定将与此登录名关联的证书名称。此证书必须已存在于 master 数据库中。

⑪ Asymmetric Key asym_key_name：指定将与此登录名关联的非对称密钥的名称。此密钥必须已存在于 master 数据库中。

[例 7 - 1] 创建一个名为 UserLogin、密码为 123 的登录名,默认数据库为教学管理数据库。

```
create login UserLogin
with password = '123'
default_database = 教学管理数据库
```

2. 修改登录账号

修改登录账号的过程和创建登录账号的过程类似,在对象资源管理器中展开"安全性"节点下面的"登录名"节点,右击登录名"UserLogin",如图 7 - 10 所示,在弹出的快捷菜单中选择"属性"命令,即可打开"登录属性"窗口,如图 7 - 11 所示,接下来就可以对该登录账号进行修改。其中各选项的含义和"登录名-新建"窗口中的选项含义相同。

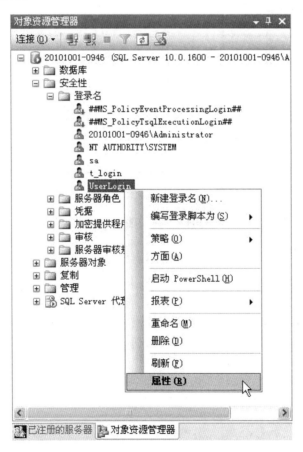

图 7 - 10 选择"属性"命令

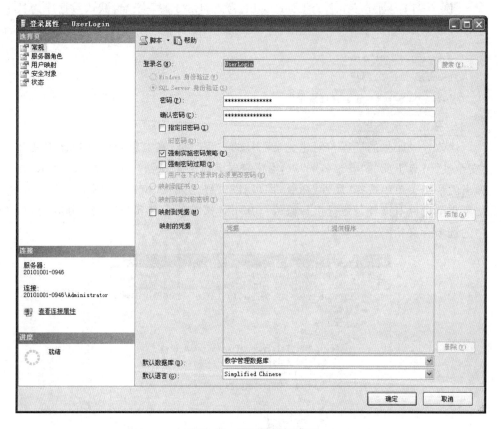

图 7-11 "登录属性"窗口

也可以利用 Alter Login 语句修改登录账号,具体的语法格式如下:

```
Alter Login login_name
{
    <status_option>
    | With<set_option>[,…]
    |<cryptographic_credential_option>
}
<status_option>∷=Enable | Disable
<set_option>∷=
    Password='password'
    [
        Old_Password='oldpassword'
        |<password_option>[<password_option>]
    ]
```

```
    | Default_Database = database
    | Default_Language = language
       | Name = login_name
    | Check_Policy = { On | Off }
    | Check_Expiration = { On | Off }
    | Credential = credential_name
    | No Credential
<password_option>∷= Must_Change | Unlock
<cryptographic_credentials_option>∷=
        Add Credential credential_name
        | Drop Credential credential_name
```

其中,Enable | Disable 表示启用或禁用此登录;其余各参数的含义和 Create Login 语句中的参数含义相同,不再赘述。

[例 7-2]　修改登录名 UserLogin,将其命名为 sjkdl。

```
Alter login UserLogin with name = sjkdl
```

3. 删除登录账号

在对象资源管理器中展开"安全性"节点下面的"登录名"节点,右击要删除的登录名,在弹出的快捷菜单中选择"删除"命令,在弹出的"删除登录"对话框中单击"确定"按钮,即可删除该登录账号。

此外,可以利用 Drop Login 语句删除登录账号,具体的语法格式如下:

```
Drop Login login_name
```

[例 7-3]　删除登录名 UserLogin。

```
Drop Login UserLogin
```

7.3　数据库用户管理

7.3.1　数据库角色

1. 固定数据库角色

SQL Server 在每个数据库中都提供了 10 个固定的数据库角色。与服务器角色不同的是,数据库角色权限的作用域仅限在特定的数据库内。在对象资源管理器中选择"教学管理数据库"→"安全性"→"角色"→"数据库角色",即可看到这 10 个数据库角色,如图 7-12 所示。

图 7 - 12　数据库角色

10 个固定数据库角色的权限定义如下：

（1）db_accessadmin：db_accessadmin 固定数据库角色的成员可以为 Windows 登录账号、Windows 组和 SQL Server 登录账号添加或删除数据库访问权限。

（2）db_backupoperator：db_backupoperator 固定数据库角色的成员可以备份数据库。

（3）db_datareader：db_datareader 固定数据库角色的成员可以从所有用户表中读取所有数据。

（4）db_datawriter：db_datawriter 固定数据库角色的成员可以在所有用户表中添加、删除或更改数据。

（5）db_ddladmin：db_ddladmin 固定数据库角色的成员可以在数据库中运行任何数据定义语言命令。

（6）db_denydatareader：db_denydatareader 固定数据库角色的成员不能读取数据库内用户表中的任何数据。

（7）db_denydatawriter：db_denydatawriter 固定数据库角色的成员不能添加、修改或删除数据库内用户表中的任何数据。

（8）db_owner：db_owner 固定数据库角色的成员可以执行数据库的所有活动，在数据库中拥有全部权限。

（9）db_securityadmin：db_securityadmin 固定数据库角色的成员可以修改角色成员身份和管理权限。

（10）public：每个数据库用户都属于 public 数据库角色。如果未向某个用户授予或拒绝特定权限，该用户将继承授予该对象的 public 角色的权限。

只有 public 角色的权限可以根据需要进行修改，而且对 public 角色设置的权限，当前数据库中所有的用户都会自动继承。查看和设置 public 角色的权限的步骤如下：

（1）右击"public"，在弹出的快捷菜单中选择"属性"命令。

（2）在"数据库角色属性"窗口的"安全对象"页中可以查看当前 public 角色的权限并进行修改，如图 7-13 所示。

2. 新建数据库角色

与服务器角色不同的是，除了系统提供的固定的数据库角色之外，用户还可以新建数据库角色。因为数据库角色是针对具体的数据库而言的，作用域为数据库范围，因此数据库角色的创建需要在特定的数据库下。其具体的步骤如下：

（1）打开对象资源管理器，选择"教学管理数据库"→"安全性"→"角色"→"数据库角色"，右击，在弹出的快捷菜单中选择"新建数据库角色"命令。

图 7-13 "安全对象"页

（2）打开"数据库角色-新建"窗口，如图 7-14 所示。

"数据库角色-新建"窗口中主要有以下几个选项：

① 角色名称：输入要创建的数据库角色名称。

② 所有者：输入该数据库角色的所有者，也可以通过右边的按钮弹出对话框进行选择。

③ 此角色拥有的架构：在列表中选择此角色拥有的架构。

④ "添加"按钮：可以向该数据库角色中添加成员，添加的成员将自动获得该数据库角色的权限。

⑤ "删除"按钮：可以从该数据库角色中删除成员。

⑥ 如果有必要，可以对"安全对象"和"扩展属性"页中的相关选项进行设置。

⑦ 单击"确定"按钮，即可创建新的数据库角色。

图 7 - 14　"数据库角色-新建"窗口

7.3.2　用户管理

1. 利用对象资源管理器创建数据库用户

在对象资源管理器中创建数据库用户的步骤如下：

（1）打开对象资源管理器，选择"教学管理数据库"→"安全性"→"用户"。

（2）右击，在弹出的快捷菜单上选择"新建用户"命令。

（3）这时将打开"数据库用户-新建"窗口，如图 7 - 15 所示。

在"常规"页中对如下内容进行设置：

① 用户名：输入要创建的数据库用户名，如输入用户名 User。

② 登录名：输入与该数据库用户对应的登录账号，也可以通过右边的按钮进行选择。

③ 证书名称：输入与该数据库用户对应的证书名称。

④ 密钥名称：输入与该数据库用户对应的密钥名称。

图 7-15 "数据库用户-新建"窗口

⑤ 无登录名:指定不应将该数据库用户映射到现有登录名,可以作为 guest 连接到数据库。

⑥ 默认架构:输入或选择该数据库用户所属的架构。

⑦ 此用户拥有的架构:在列表中可以查看和设置该用户拥有的架构。

⑧ 数据库角色成员身份:在列表中可以为该数据库用户选择数据库角色。

(4)如果需要,可以对"安全对象"和"扩展属性"页中的选项进行设置。

(5)单击"确定"按钮,即可创建数据库用户。

2. 利用 Create User 语句创建数据库用户

创建数据库用户的 Create User 语句的语法格式如下:

```
Create User user_name
[ { { For | From }
{
    Login login_name
```

```
     | Certificate cert_name
     | Asymmetric Key asym_key_name
   }
   | Without Login
]
```

其中各参数说明如下：

（1）user_name：要创建的数据库用户名。

（2）For Login login_name：指定要创建数据库用户的登录名。login_name 必须是服务器中有效的登录名。

（3）For Certificate cert_name：指定要创建数据库用户的证书。

（4）For Asymmetric Key asym_key_name：指定要创建数据库用户的非对称密钥。

（5）Without Login：指定不应将用户映射到现有登录名。

［例 7 - 4］　创建一个名为 UserLogin 的登录名，默认的数据库是教学管理数据库，然后创建一个名为 Tuser 的对应数据库用户。

```
create login UserLogin
with password = '123'
default_database = 教学管理数据库
create user Tuser
for login UserLogin
```

7.4　权限管理

7.4.1　权限类型

根据要操作的对象不同，权限的类型也不相同，主要有以下几种类型：

（1）如果对象为数据库，则相应的权限主要有创建操作（Create Database、Create Table、Create View、Create Function、Create Procedure、Create Trigger 等）、修改操作（Alter Database、Alter Table、Alter View、Alter Function、Alter Procedure、Alter Trigger 等）、备份操作（Backup Database、Backup Log）、连接操作等。

（2）如果对象为表和视图，则相应的权限主要有插入数据（Insert）、更新数据（Update）、删除数据（Delete）、查询（Select）和引用（References）等。

（3）如果对象为存储过程，则相应的权限主要有执行（Execute）、控制（Control）和查看定义等。

（4）如果对象为标量函数，则相应的权限主要有执行（Execute）、引用（References）、控制（Control）等。

（5）如果对象为表值函数，则相应的权限主要有插入数据（Insert）、更新数据（Update）、删除数据（Delete）、查询（Select）和引用（Reference）等。

7.4.2 设置权限

可以直接对数据库角色或用户进行对象操作权限的设置。下面将以对数据库用户设置权限为例进行说明，数据库角色的权限分配过程类似。

（1）打开对象资源管理器，选择"教学管理数据库"→"安全性"→"用户"。

（2）在数据库用户"User"上右击，在弹出的快捷菜单中选择"属性"命令，弹出"数据库用户"属性对话框，选择"安全对象"页。

（3）单击右边的"搜索"按钮，如图 7-16 所示，将需要分配给该用户操作权限的对象添加到"安全对象"列表中。

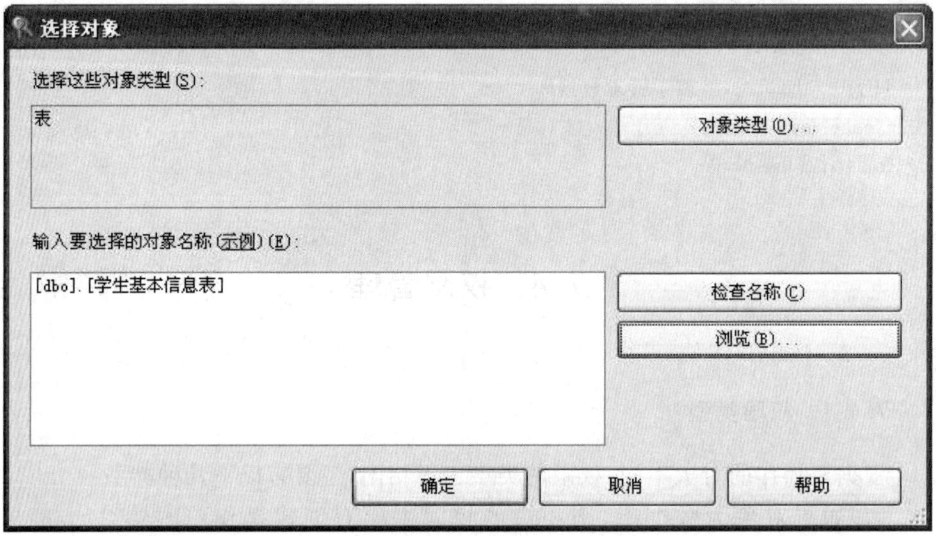

图 7-16　选择对象

（4）在"安全对象"列表中选中要分配权限的对象，则下面的"权限"列表中将列出该对象的操作权限，根据需要设置相应权限，如图 7-17 所示。

其中，"授予"表示是否将对象权限授予用户，"具有授予权限"表示是否允许数据库用户将授予自己的权限再授予其他数据库用户。

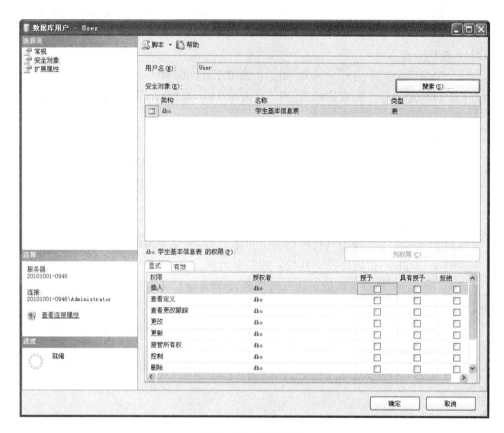

图 7-17　设置权限

7.4.3　T-SQL 语句

1. Grant 语句

使用 Grant 语句可以将安全对象的权限赋予安全主体。Grant 语句的完整的语法非常复杂,这里只给出简单的常用的语法格式:

```
Grant ﹛ All ﹇ Privileges﹜ ﹜
    ｜ permission ﹇(column ﹇,…n ﹞)﹞ ﹇,…n ﹞
    ﹇ On ﹇ class﹕﹕﹞securable ﹞ To principal ﹇,…n ﹞
    ﹇ With Grant Option ﹞
```

其中各参数说明如下:

(1) All:使用 All 选项并不会授予所有可能的权限。根据对象的不同,All 参数表示的权限也不相同。在 SQL Server 中已不推荐使用 All,保留是为了与以前的系统兼容。

① 如果安全对象为数据库,则 All 表示 Backup Database、Backup Log、Create Database、Create Default、Create Function、Create Procedure、Create Rule、Create Table 和 Create View。

② 如果安全对象为标量函数,则 All 表示 Execute 和 References。

③ 如果安全对象为表值函数,则 All 表示 Delete、Insert、References、Select 和 Update。

④ 如果安全对象是存储过程,则 All 表示 Execute。

⑤ 如果安全对象为表,则 All 表示 Delete、Insert、References、Select 和 Update。

⑥ 如果安全对象为视图,则 All 表示 Delete、Insert、References、Select 和 Update。

(2) permission:权限的名称。

(3) column:表中将授予其权限的列的名称,需要使用括号"()"。

(4) class:指定将授予其权限的安全对象的类,需要范围限定符"::"。

(5) securable:指定将授予其权限的安全对象。

(6) To principal:主体的名称。可为其授予安全对象权限的主体随安全对象而异。

(7) With Grant Option:指示被授权者在获得指定权限的同时可以将指定权限授予其他主体。

[例 7-5] 将教学管理数据库中对学生基本信息表的 insert 权限授予 Tuser 用户。

```
grant insert
on 学生基本信息表
to Tuser
```

2. Revoke 语句

利用 Revoke 可以撤销之前授予或拒绝了的权限。与 Grant 语句一样,完整的 Revoke 语句的语法非常复杂,这里只给出常用的 Revoke 语句的格式。

```
Revoke [ Grant Option For ]
{
  [ All [ Privileges ]  ]
  | permission [(column [,…n ])]  [,…n ]
}
[ On [ class::]  securable ]
{ To | From } principal [,…n ]
[ Cascade]
```

其中各参数说明如下。

① Grant Option For:指示将撤销授予指定权限的能力。在使用 Cascade 参数时,需要使用此选项。

② Cascade:指示当前正在撤销的权限也将从其他被该主体授权的主体中撤销。使用 Cascade 参数时,必须同时指定 Grant Option For 参数。

③ 其余参数的含义与 Grant 语句相同。

[例 7 - 6] 撤销授予 Tuser 用户对学生基本信息表的 insert 权限。

```
revoke insert on 学生基本信息表
from Tuser
```

3. Deny 语句

使用 Deny 语句可以拒绝授予主体权限,并且可以防止主体通过其组或角色成员身份继承权限。其具体的语法格式如下:

```
Deny〔All〔Privileges〕 〕
    | permission〔(column〔,…n〕)〕 〔,…n〕
    〔On〔class::〕 securable〕 To principal〔,…n〕
    〔Cascade〕
```

[例 7 - 7] 拒绝 Tuser 用户对学生基本信息表使用 insert 权限。

```
deny insert
on 学生基本信息表
to Tuser
```

本章小结

数据库安全是数据库管理中十分重要的内容,本章重点介绍了 SQL Server 中进行安全管理的方法。通过本章的学习,读者应该对数据库安全方面的知识有一定的了解,进一步提高对数据库安全重要性的认识程度,实施有效的安全维护,确保数据库真正意义上的安全。

习 题

一、选择题

1. 视图机制提高了数据库系统的( )。

A. 完整性　　　　　　B. 安全性　　　　　C. 一致性　　　　　D. 并发控制

2. 完整性控制的防范对象是( )。

A. 非法用户　　　　　　　　　　　　B. 不合语义的数据

C. 非法操作 D. 不正确的数据

3. 安全性控制的防范对象主要是( )。

A. 合法用户 B. 不合语义的数据

C. 非法操作 D. 不正确的数据

4. 一个事务在执行时,应该遵守"要么不做,要么全做"的原则,这是事务的( )。

A. 原子性 B. 一致性 C. 隔离性 D. 持久性

5. 在数据库的安全性控制中,为了保证用户只能存取他有权存取的数据。在授权定义中,数据对象的( ),授权子系统就越灵活。

A. 范围越小 B. 范围越大

C. 约束越细致 D. 范围越灵活

6. 保护数据库,防止未经授权的或不合法的使用造成数据泄漏、更改破坏,这是指数据的( )。

A. 安全性 B. 完整性 C. 并发控制 D. 恢复

二、填空题

1. DBMS 对数据库的安全保护功能是通过_____、_____、_____和_____ 4 个方面实现的。

2. 存取权限由_____和_____两个要素组成。

3. 衡量授权机制的两个重要指标是_____和_____。

4. 按照转储方式,数据转储可以分为_____和_____。

5. 按照转储状态,数据转储可以分为_____和_____。

6. 根据 SQL Server 的安全性要求,当某一用户要访问 SQL Server 中的数据库时,必须在 SQL Server 上创建_____和_____。

7. 在 SQL Server 数据库管理系统中,设用户 A 可以访问其中的数据库 MyDb,则用户 A 在数据库 MyDb 中必定属于_____角色。

8. 在 SQL Server 数据库管理系统中,dbcreator 是一种_____角色,而 dbowner 是一种_____角色。

9. 数据库恢复的基本原理是_____。

10. 生成冗余数据最常用的技术是_____和_____。

三、简答题

1. 什么是数据库保护?数据库的安全性保护功能包括哪几个方面?解释它们的含义。

2. 什么是数据库的安全性?试述 DBMS 提供的安全性控制功能包括哪些内容。

3. 什么是数据库的完整性?关系数据库中有哪些完整性规则,各包括哪些内容?

实　验

一、实验目的

1. 能够创建数据库登录用户。

2. 能够设置数据库登录用户的数据库使用权限。

3. 能够使用新创建的用户登录数据库管理系统。

二、实验内容

1. 使用 Windows 身份验证的方式登录数据库管理系统。

2. 登录后,创建一个新的数据库,名称为 StudentTest。

3. 创建一个新的登录用户,用户名为 student,密码为 tneduts。

4. 取消用户建立过程中"强制实施密码策略"和"强制密码过期"的选项。

5. 将用户 student 的默认数据库设置为 StudentTest。

6. 将用户 student 的用户映射设置为 StudentTest 数据库,并赋予数据库的成员身份为 db_owner 和 public。

7. 注销当前登录状态,通过 SQLServer 身份验证的方式,利用新创建的 student 登录数据库管理系统。

8. 注销当前登录账号,再次以 Windows 身份验证方式登录到数据库管理系统中。

9. 删除用户 student。

第8章　数据库设计

前面章节已经介绍了数据库的基本概念、操作方法和规范化。如何根据客户需求完成软件系统的数据库设计是软件开发的关键性工作。本章将系统地讨论数据库设计步骤。

为便于读者理解具体数据库系统的设计过程,本章将使用案例驱动模式,介绍数据库设计的操作过程。

8.1　数据库设计简述

1. 数据库设计的任务

数据库一般存有海量数据,且具有存储时间长、数据关联复杂、应用多样化等特点,因此设计出一个结构合理、满足实际应用需求的数据库至关重要。

数据库设计是指根据用户需求研制数据库结构和行为的过程。具体地说,数据库设计是指对于一个给定的应用环境,构造最优的数据库模式,建立数据库及其应用系统,使之能有效地存储数据,满足用户的信息要求和处理要求,即把现实世界中的数据,根据各种应用处理的要求,加以合理组织,使之满足硬件和操作系统的特性,利用已有的 DBMS 来建立能够实现系统目标的数据库。

2. 数据库设计的内容

数据库设计包括数据库的结构设计和数据库的行为设计两方面内容。

(1)数据库的结构设计

数据库的结构设计是指根据给定的应用环境,进行数据库的子模式或模式的设计。它包括数据库的概念设计、逻辑设计和物理设计。数据库模式是各应用程序共享的结构,是静态的、稳定的,一经形成,通常情况下不容易改变,所以结构设计又称为静态模型设计。

(2)数据库的行为设计

数据库的行为设计是指确定数据库用户的行为和动作。在数据库系统中,用户的行为和动作指用户对数据库的操作,这些要通过应用程序来实现,所以数据库的行为设计就是应用程序的设计。用户的行为会使数据库的内容发生变化,所以行为设计是动态的。行为设计又称为动态模型设计。

3. 数据库设计的特点

20 世纪 70 年代末 80 年代初,人们为了方便研究数据库设计方法学,曾主张将结构设计和行为设计两者分离。随着数据库设计方法学的成熟和结构化分析、设计方法的普遍使用,人们主张将两者进行一体化来考虑,这样可以缩短数据库的设计周期,提高数据库的设计效率。

现代数据库的设计特点是强调结构设计与行为设计相结合,结构源于行为,而行为总是变化,是一种"反复探寻,逐步求精"的过程。从数据模型开始设计,以数据模型为核心进行展开,将数据库设计和应用系统设计相结合,建立一个完整、独立、共享、冗余小和安全有效的数据库系统。

8.2　数据库设计的步骤

8.2.1　数据库应用开发简述

数据库应用系统的设计目前一般大多采用生命周期法,即将整个数据库应用系统的开发分解成目标独立的若干阶段,即分为需求分析阶段、概念设计阶段、逻辑设计阶段、物理设计阶段、编码阶段、测试阶段、运行阶段、维护阶段。

数据库设计是分阶段完成的,每完成一个阶段,都要进行设计分析,评价一些重要的设计指标,把设计阶段产生的文档组织评审,与用户进行交流。如果设计的数据库不符合要求,则进行修改。这种分析和修改可能要重复若干次,以求最后实现的数据库能够比较精确地模拟现实世界,且能较准确地反映用户需求。设计一个完善的数据库系统往往是这 8 个阶段不断反复的过程。

数据库设计中,需求分析阶段和概念设计阶段是面向用户的应用要求和面向具体的问题,逻辑设计阶段和物理设计阶段是面向数据库管理系统,编码阶段、测试阶段、运行阶段和维护阶段是面向具体的实现方法。前 4 个阶段可统称为"分析和设计阶段",后 4 个阶段统称为"实现和运行阶段"。

与数据库设计关系最密切的是上述几个阶段中的前 4 个阶段,即需求分析阶段、概念设计阶段、逻辑设计阶段和物理设计阶段,如图 8-1 所示。

8.2.2　数据库的需求分析阶段

1. 需求分析的任务

需求分析是整个数据库设计过程的基础,要收集数据库所有用户的信息内容和处理要求,并加以规格化和分析。这是最费时、最复杂的一步,但也是最重要的一步,相当于待构建的数据库大厦的地基,它决定了以后各步设计的速度与质量。需求分析做得不好,可能会导致整个数据库设计返工重做。在分析用户需求时,要确保用户目标的一致性。

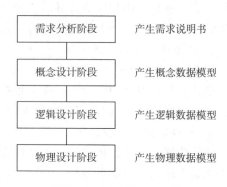

图 8-1　数据库设计阶段

首先调查用户对数据库的各种要求,调查的重点是"数据"和"处理",具体包括以下内容。

(1)信息要求。用户对数据库的信息要求是指用户需要从数据库中获得信息的内容与性质。

(2)处理要求。用户对数据库的处理要求是指用户要完成什么处理功能。

(3)安全性和完整性要求。

2. 需求分析的方法

分析和表达用户的需求,经常采用的方法有结构化分析方法(Structured Analysis,SA)和面向对象的方法。

结构化分析方法用自顶向下、逐层分解的方式分析系统,用数据流图(Data Flow Diagram,DFD)表达数据和处理过程的关系,用数据字典(Data Dictionary,DD)对系统中的数据进行详尽描述。

(1)数据流图

数据流图是结构化分析方法中描述数据处理过程的工具,其以图形的方式描绘数据在系统中流动和处理的过程。由于它只反映系统必须完成的逻辑功能,因此是一种功能模型。在结构化开发方法中,数据流图是需求理解的逻辑模型的图形表示,它直接支持系统的功能建模,是需求分析阶段产生的结果。

数据流图包括以下内容:

① 指明数据存在的数据符号:用命名的箭头表示数据流。

② 指明对数据执行的处理符号:用圆圈表示处理。

③ 表示信息的静态存储的符号:用不封闭的矩形或其他形状表示数据存储。

④ 表示系统之外的实体,可以是人、物或其他软件系统:用矩形表示数据源或宿("宿"表示数据的终点)。

在制作单张数据流图时,必须注意以下原则:

① 一个加工的输出数据流不应与输入数据流同名,即使它们的组成成分

相同。

②　保持数据守恒。也就是说,一个加工所有输出数据流中的数据必须能从该加工的输入数据流中直接获得,或者说是通过该加工能产生的数据。

③　每个加工必须既有输入数据流,又有输出数据流。

④　所有的数据流必须以一个外部实体开始,并以一个外部实体结束。

⑤　外部实体之间不应该存在数据流。

DFD 的绘制方法如下:

①　确定系统的输入/输出。由于系统究竟包括哪些功能可能一时难以弄清楚,因此可使范围尽量大一些,把可能有的内容全部都包括进去。此时,应该向用户了解"系统从外界接受什么数据""系统向外界送出什么数据"等信息,并根据用户的答复绘制数据流图的外围。

②　由外向内绘制系统的顶层数据流图。首先,将系统的输入数据和输出数据用一连串的加工连接起来。在数据流的值发生变化的地方就是一个加工。接着,给各个加工命名。然后,给加工之间的数据命名。最后,给文件命名。

③　自顶向下逐层分解,绘制分层数据流图。对于大型的系统,为了控制复杂性,便于理解,需要采用自顶向下逐层分解的方法进行,即用分层的方法将一个数据流图分解成几个数据流图来分别表示。

数据流图示例如图 8-2 和图 8-3 所示。

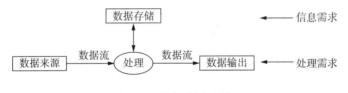

图 8-2　数据流图示例 1

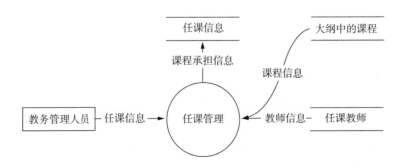

图 8-3　数据流图示例 2

（2）数据字典

数据字典在需求分析阶段被建立，其最重要的作用是作为分析阶段的工具。

数据字典是指对数据的数据项、数据结构、数据流、数据存储、处理逻辑等进行定义和描述，其目的是对数据流程图中的各个元素做出详细的说明。数据项是数据的最小组成单位，若干个数据项可以组成一个数据结构。数据字典通过对数据项和数据结构的定义来描述数据流、数据存储的逻辑内容。简而言之，数据字典是描述数据的信息集合，是对系统中使用的所有数据元素的定义的集合。

任何字典最重要的用途就是供人们查询相关条目的解释。在结构化分析中，数据字典的作用是给数据流图中的每个成分加以定义和说明。换句话说，数据流图上所有成分的定义和解释的文字集合就是数据字典。在数据字典中建立的一组严密一致的定义有助于改进分析员和用户的通信。

数据库数据字典不仅是每个数据库的中心，而且对每个用户也是非常重要的信息。用户可以用 SQL 语句访问数据库数据字典。

数据字典可能包含的信息有数据库设计资料、数据内部储存的 SQL 程序、用户权限、用户统计、数据库增长统计、数据库性能统计等。

最终形成的数据流图和数据字典为系统分析报告的主要内容，这是下一步进行概念设计的基础。

3. 编写系统分析报告

系统需求分析阶段的最后是编写系统分析报告，通常称为需求规范说明书（或称需求规格说明书）。需求规范说明书是对需求分析阶段的一个总结，编写系统分析报告是一个不断反复、逐步深入和逐步完善的过程。系统分析报告应包括如下内容：

（1）系统概况，系统的目标、范围、背景、历史和现状。

（2）系统的原理和技术、对原系统的改善。

（3）系统总体结构与子系统结构说明。

（4）系统功能说明。

（5）数据处理概要、工程体制和设计阶段划分。

（6）系统方案及技术、经济、功能和操作上的可行性。

完成系统分析报告后，在项目单位的领导下要组织有关技术专家评审系统分析报告，这是对需求分析结果的再审查。系统分析报告审查通过后，由项目方和开发方领导签字认可。

随系统分析报告提供下列附件：

（1）系统的硬件、软件支持环境的选择及规格要求（所选择的数据库管理系统、操作系统、汉字平台、计算机型号及其网络环境等)。

(2)组织机构图、组织之间联系图和各机构功能业务一览图。

(3)数据流程图、功能模块图和数据字典等图表。

如果用户同意系统分析报告和方案设计,则在与用户进行详尽商讨的基础上,最后签订技术协议书。系统分析报告是设计者和用户一致确认的权威性文件,是今后各阶段设计和工作的依据。

8.2.3 数据库的概念设计阶段

1. 数据库概念设计的任务

概念设计就是将需求分析得到的用户需求抽象为信息结构,即概念模型。

该阶段是把用户的信息要求统一到一个整体逻辑结构中,此结构能够表达用户的要求。从逻辑设计中分离出概念设计以后,各阶段的任务相对单一化,设计复杂程度大大降低,便于组织管理。

数据库概念设计的目的是分析数据间内在的语义关联,在此基础上建立一个数据的抽象模型——概念数据模型(简称概念模型)。概念模型是根据用户需求设计出来的,它不依赖于任何 DBMS 和软硬件。由于概念模型不包含具体的 DBMS 所附加的技术细节,更容易为用户所理解,因此更有可能准确反映用户的信息需求。

2. 概念模型的特点

概念模型作为概念设计的表达工具,为数据库提供一个说明性结构,是设计数据库逻辑结构即逻辑模型的基础。因此,概念模型具备以下特点:

(1)语义表达能力丰富。概念模型能表达用户的各种需求,充分反映现实世界,包括事物和事物之间的联系、用户对数据的处理要求,它是现实世界的一个真实模型。

(2)易于交流和理解。概念模型是数据库管理员、设计人员和用户之间的主要界面,因此概念模型的表达要自然、直观和容易理解,以便和不熟悉计算机的用户交换意见。

(3)易于修改和扩充。概念模型要能灵活地加以改变,以反映用户需求和现实环境的变化。

(4)易于向各种数据模型转换。概念模型独立于特定的 DBMS,因而更加稳定,能方便地向关系模型、网状模型或层次模型等各种数据模型转换。

人们提出了许多概念模型,其中最著名、最实用的一种是 E - R 模型(E - R 图),它将现实世界的信息结构统一用属性、实体及它们之间的联系来描述。

概念模型在数据库的各级模型中的地位如图 8 - 4 所示。

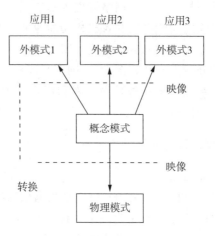

图 8-4 数据库各级模型的形成

3. 概念模型——E-R模型

在概念模型中,比较著名的是由 P.P.Chen 于 1976 年提出的 E-R 模型。E-R模型是一种广泛应用于数据库设计工作中的概念模型,它利用 E-R 图来表示实体及其之间的联系。

E-R图的基本成分包含实体型、属性和联系,它们的表示方式如下:

(1)实体型:用矩形框表示,框内标注实体名称,如图 8-5(a)所示。

(2)属性:用椭圆形框表示,框内标注属性名称,并用无向边将其与相应的实体相连,如图 8-5(b)所示。

(3)联系:用菱形框表示,框内标注联系名称,并用无向边与有关实体相连,同时在无向边旁标上联系的类型,即 $1:1$、$1:n$ 或 $m:n$,如图 8-5(c)所示。

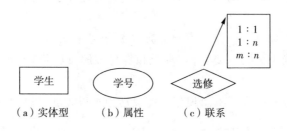

（a）实体型　　　　（b）属性　　　　（c）联系

图 8-5 E-R图的基本成分

E-R 图作为最著名、最实用的一种概念模型,其具体实现步骤如下:

(1)确定实体。

(2)确定实体的属性。

(3)确定实体的主键。

（4）确定实体间的联系类型。

（5）画出 E-R 图。

实体之间有一对一（1∶1）、一对多（1∶n）和多对多（m∶n）3 种联系类型。例如，系主任领导系、学生属于某个系、学生选修课程、工人生产产品，这里"领导""属于""选修""生产"表示实体间的联系，可以作为联系名称。

现实世界的复杂性导致实体联系的复杂性，表现在 E-R 图上可以归结为图 8-6~图 8-8 所示的几种基本形式。

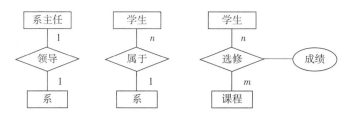

图 8-6　两个实体型之间的联系

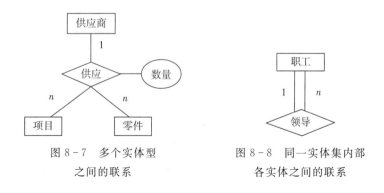

图 8-7　多个实体型　　　　图 8-8　同一实体集内部
　之间的联系　　　　　　各实体之间的联系

两个实体型之间的联系如图 8-6 所示。

两个以上实体型之间的联系如图 8-7 所示。

同一实体集内部各实体之间的联系，如一个部内的职工有领导与被领导的联系，即某一职工（干部）领导若干名职工，而一个职工（普通员工）仅被一个职工直接领导，这就构成了实体内部的一对多的联系，如图 8-8 所示。

需要注意的是，因为联系本身也是一种实体型，所以联系也可以有属性。如果一个联系具有属性，则这些联系也要用无向边与该联系的属性连接起来。例如，学生选修的课程有相应的成绩，这里的"成绩"既不是学生的属性，也不是课程的属性，只能是学生选修课程的联系的属性，如图 8-6 所示。

E-R 图的基本思想就是分别用矩形框、椭圆形框和菱形框表示实体型、属性和联系,使用无向边将属性与其相应的实体连接起来,并将联系和有关实体相连接,注明联系类型。图8-6~图8-8所示的几个 E - R 图示例只给出了实体及其E - R 图,省略了实体的属性。图8-9所示为一个描述学生与课程联系的完整的E - R 图。

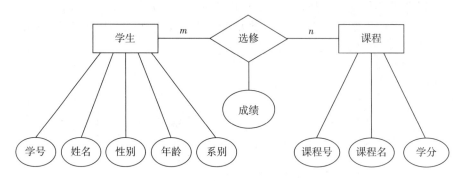

图 8 - 9 学生与课程联系的完整的 E - R 图

8.2.4 数据库的逻辑设计阶段

1. 逻辑设计的任务

数据库的逻辑设计主要是将概念数据模型转换成为某个 DBMS 所支持的逻辑数据模型,并对其进行优化。

概念设计阶段得到的 E - R 模型是用户的模型,它独立于任何数据模型,独立于任何一个具体的 DBMS。为了建立用户所要求的数据库,需要把上述概念模型转换为某个具体的 DBMS 所支持的数据模型。数据库逻辑设计的任务是将概念模型转换成特定 DBMS 所支持的数据模型。从此开始便进入了"实现设计"阶段,需要考虑具体的 DBMS 的性能和数据模型特点。E - R 图所表示的概念模型可以转换成任何一种具体的 DBMS 所支持的数据模型,如网状模型、层次模型和关系模型。这里只讨论关系数据库的逻辑设计问题,所以只介绍 E - R 图如何向关系模型进行转换。

对于关系数据库管理系统来说,就是将概念数据模型转换成关系数据模型,即将 E - R 图转换成指定的关系数据管理系统所支持的关系模式。

在数据库的逻辑设计过程中会形成许多关系模式。如果关系模式没有设计好,就会出现数据冗余、数据更新异常、数据删除异常、数据插入异常等问题。因此,在设计过程中,要按照关系规范化的要求设计出好的关系模式。

2. 逻辑设计的步骤

一般的逻辑设计分为以下3步,如图8-10所示。

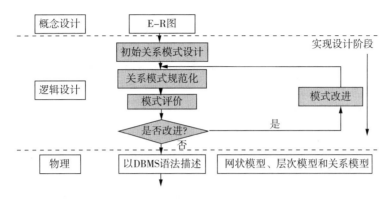

图 8-10　逻辑设计的任务和步骤

（1）初始关系模式设计

① 转换原则。概念设计中得到的 E-R 图是由实体、属性和联系组成的，而关系数据库逻辑设计的结果是一组关系模式的集合，所以将 E-R 图转换为关系模型实际上就是将实体、属性和联系转换成关系模式。在转换中要遵循以下原则：

a. 一个实体转换为一个关系模式，实体的属性就是关系的属性，实体的码就是关系的主码。

b. 一个联系转换为一个关系模式，与该联系相连的各实体的主码及联系的属性均转换为该关系的属性。

该关系的主码有 3 种情况：

a. 如果联系为 1∶1，则每个实体的主码都可以是关系的候选码。

b. 如果联系为 1∶n，则 n 端实体的主码是关系的主码。

c. 如果联系为 n∶m，则每个实体的主码的组合是关系的主码。

② 具体做法。

a. 把每一个实体转换为一个关系。首先分析各实体的属性，从中确定其主码，然后分别用关系模式表示。

b. 把每一个联系转换为关系模式。由联系转换得到的关系模式中包含联系本身的属性和联系的关系的主码，其关系的主码确定与联系的类型有关。

c. 特殊情况的处理。3 个或 3 个以上实体间的一个多元联系在转换为一个关系模式时，与该多元联系相连的各实体的主码及联系本身的属性均转换成关系的属性，转换后所得到的关系的主码为各实体主码的组合。

（2）关系模式规范化

应用规范化理论对上述产生的关系的逻辑模式进行初步优化，以减少乃至消除关系模式中存在的各种异常,改善完整性、一致性和存储效率。规范化理论是数据库逻辑设计的指南和工具,规范化过程可分为两个步骤:确定范式级别和实施规范化处理。

① 确定范式级别。考察关系模式的函数依赖关系,确定范式等级。逐一分析各关系模式,考察主码和非主属性之间是否存在部分函数依赖、传递函数依赖等,确定它们分别属于第几范式。

② 实施规范化处理。利用关系规范化理论逐一考察各个关系模式,根据应用要求,判断它们是否满足规范要求,可用已经介绍过的规范化方法和理论将关系模式规范化。

实际上,数据库规范化理论可用于整个数据库开发生命周期中。在需求分析阶段、概念设计阶段和逻辑设计阶段,数据库规范化理论的应用如下:

① 在需求分析阶段,用函数依赖的概念分析和表示各个数据项之间的联系。

② 在概念设计阶段,以规范化理论为指导,确定关系的主码,消除初步 E - R 图中冗余的联系。

③ 在逻辑设计阶段,从 E - R 图向数据模型转换过程中,用模式合并与分解方法达到指定的数据库规范化级别(至少达到 3NF)。

(3)模式评价

关系模式的规范化不是目的而是手段,数据库设计的目的是最终满足应用需求。因此,为了进一步提高数据库应用系统的性能,还应该对规范化后产生的关系模式进行评价、改进,经过反复多次的尝试和比较,最后得到优化的关系模式。

模式评价的目的是检查所设计的数据库模式是否满足用户的功能要求、效率要求,从而确定加以改进的部分。模式评价包括功能评价和性能评价。

① 功能评价。

功能评价指对照需求分析的结果,检查规范化后的关系模式集合是否支持用户所有的应用要求。关系模式必须包括用户可能访问的所有属性。在涉及多个关系模式的应用中,应确保连接后不丢失信息。如果发现有的应用不被支持,或不完全被支持,则应进行关系模式的改进。产生这种问题的可能是逻辑设计阶段,也可能是系统需求分析或概念设计阶段,哪个阶段产生的问题就返回哪个阶段去改进,因此有可能对前两个阶段再进行评审,以解决存在的问题。

在功能评价过程中可能会发现冗余的关系模式或属性,这时应对它们加以区分,弄清楚它们是为未来发展预留的,还是某种错误造成的,如名字混淆。如果属于错误造成的,进行改正即可;如果这种冗余来源于前两个设计阶段,则也要返回改进,并重新进行评审。

② 性能评价。

对于目前得到的数据库模式,由于缺乏物理结构设计所提供的数量测量标准和相应的评价手段,因此性能评价是比较困难的,只能对实际性能进行估计,包括逻辑记录的存取数、传送量及物理结构设计算法的模型等。同时,可根据模式改进中关系模式合并的方法提高关系模式的性能。

(4)模式改进

根据模式评价的结果对已生成的模式进行改进。如果因为系统需求分析、概念结构设计的疏漏导致某些应用不能得到支持,则应该增加新的关系模式或属性。如果因为性能考虑而要求改进,则可采用合并或分解的方法。

① 合并。

如果有若干个关系模式具有相同的主码,对这些关系模式的处理主要是查询操作,并且是多关系的连接查询,那么可对这些关系模式按照组合使用频率进行合并,这样便可以减少连接操作,从而提高查询效率。

② 分解。

为了提高数据操作的效率和存储空间的利用率,最常用和最重要的模式优化方法就是分解。根据应用的不同要求,可以对关系模式进行垂直分解和水平分解。

水平分解是把关系的元组分为若干个子集合,将分解后的每个子集合定义为若干个子关系。对于经常进行大量数据的分类条件查询的关系,可进行水平分解,这样可以减少应用系统每次查询需要访问的记录数,从而提高查询性能。

例如,有学生关系(学号,姓名,类别,…),其中类别包括大专生、本科生和研究生。如果多数查询一次只涉及其中的一类学生,就应该把整个学生关系水平分解为大专生、本科生和研究生 3 个关系。

垂直分解是把关系模式的属性分解为若干个子集合,形成若干个子关系模式,每个子关系模式的主码为原关系模式的主码。垂直分解的原则是把经常一起使用的属性分解出来,形成一个子关系模式。

例如,有教师关系(教师号,姓名,性别,年龄,职称,工资,岗位津贴,住址,电话),如果经常查询的仅是前 6 项,而后 3 项很少使用,则可以将教师关系进行垂直分解,得到两个教师关系:

教师关系 1(教师号,姓名,性别,年龄,职称,工资)

教师关系 2(教师号,岗位津贴,住址,电话)

这样,便减少了查询的数据传递量,提高了查询速度。

垂直分解可以提高某些事务的效率,但也有可能使另一些事务不得不执行连接操作,从而降低了效率。因此,是否要进行垂直分解要看分解后的所有事务的总效率是否得到了提高。垂直分解要保证分解后的关系具有无损连接性和函数依赖保持性。

经过多次的模式评价和模式改进之后,最终的数据库模式得以确定。逻辑设计阶段的结果是形成全局逻辑数据库结构。对于关系数据库系统来说,就是一组符合一定规范的关系模式组成的关系数据库模式。

数据库系统的数据物理独立性特点消除了由于物理存储改变而引起的对应程序的修改。数据库的逻辑设计完成后,就可以开展物理设计。

8.2.5 数据库的物理设计阶段

1. 物理设计的任务

数据库最终要存储在物理设备上。对于给定的逻辑数据模型,选取一个最适合应用环境的物理结构的过程称为数据库的物理设计。数据库的物理设计是设计数据库的存储结构和物理实现方法。数据库的物理设计的任务是有效地实现逻辑模式,确定所采取的存储策略。此阶段以逻辑设计的结果作为输入,结合具体DBMS的特点与存储设备特性进行设计,选择数据库在物理设备上的存储结构和存取方法。

数据库的物理设计的主要目标是对数据库内部物理结构做调整并选择合理的存取路径,以提高数据库访问速度及有效利用存储空间。所以,物理结构设计是为逻辑数据模型建立一个完整的、能实现的数据库结构,包括存储结构和存取方法。

数据库的物理设计可分为如下两步:

(1)确定物理结构,在关系数据库中主要指存取方法和存储结构。

(2)评价物理结构,评价的重点是时间和空间效率。

目前,在关系数据库中已大量屏蔽了内部物理结构,因此留给用户参与物理设计的任务很少,一般的关系数据库管理系统留给用户参与物理设计的内容大致有索引设计、分区设计等。

2. 确定物理结构

设计人员必须深入了解给定的 DBMS 的功能,DBMS 提供的环境和工具、硬件环境,特别是存储设备的特征。另外,要了解应用环境的具体要求,如各种应用的数据量、处理频率和响应时间等。只有"知己知彼",才能设计出较好的物理结构。

在物理结构中,数据的基本存取单位是存储记录。有了逻辑记录结构以后,就可以设计存储记录结构,一个存储记录可以和一个或多个逻辑记录相对应。存储记录结构包括记录的组成、数据的类型和长度以及逻辑记录到存储记录的映射。某一类型的所有存储记录的集合称为"文件",文件的存储记录可以是定长的,也可以是变长的。

文件组织或文件结构是组成文件的存储记录的表示法。文件结构应该表示文件格式、逻辑次序、物理次序、访问路径和物理设备的分配,物理数据库就是指数据库中实际存储记录的格式、逻辑次序、物理次序、访问路径和物理设备的分配。

决定存储结构的主要因素包括存取时间、存储空间和维护代价 3 个方面,设计时应当根据实际情况对这 3 个方面进行综合权衡。一般 DBMS 也提供一定的灵活性可供选择,包括聚集(Cluster)和索引。

(1)聚集

聚集就是为了提高查询速度,把在一个(或一组)属性上具有相同值的元组集中地存放在一个物理块中。如果存放不下,可以将其存放在相邻的物理块中。其中,这个(或这组)属性称为聚集码。

聚集有以下两个作用:

① 使用聚集以后,聚集码相同的元组集中在一起,因而聚集值不必在每个元组中重复存储,只要在一个元组中存储一次即可,可以节省存储空间。

② 聚集功能可以大大提高按聚集码进行查询的效率。例如,要查询学生关系中计算机系的学生名单,假设计算机系有 300 名学生,在极端情况下,这些学生的记录会分布在 300 个不同的物理块中,这时如果要查询计算机系的学生,就需要做 300 次 I/O 操作,这将影响系统查询的性能。如果按照系别建立聚集,使同一个系的学生记录集中存放,则每做一次 I/O 操作就可以获得多个满足查询条件的记录,从而显著地减少了访问磁盘的次数。

(2)索引

存储记录是属性值的集合,主码可以唯一确定一个记录,而其他属性的一个具体值不能唯一确定一个记录。在主码上应该建立唯一索引,这样不仅可以提高查询速度,还能避免出现主码重复值的录入,确保了数据的完整性。

在数据库中,用户访问的最小单位是属性。如果对某些非主属性的检索很频繁,可以考虑建立这些属性的索引文件。索引文件对存储记录重新进行内部连接,从逻辑上改变了记录的存储位置,从而改变了访问数据的入口点。关系中数据越多,索引的优越性也就越明显。

建立多个索引文件可以缩短存取时间,但是增加了索引文件所占用的存储空间及维护的开销。因此,应该根据实际需要综合考虑。

3. 访问方法的设计

访问方法是为存储在物理设备上的数据提供存储和检索能力的方法。一个访问方法包括存储结构和检索机构两个部分。存储结构限定了可能访问的路径和存储记录;检索机构定义了每个应用的访问路径,但不涉及存储结构的设计和设备分配。

存储记录是属性的集合,属性是数据项类型,可用作主码或候选码。主码唯一地确定了一个记录。辅助码用作记录索引的属性,可能并不唯一确定某一个记录。

访问路径的设计分成主访问路径与辅访问路径的设计。主访问路径与初始记录的装入有关,通常用主码来检索。首先利用这种方法设计各个文件,使其能最有效地处理主要的应用。一个物理数据库很可能有几套主访问路径。辅访问路径通过辅助码的索引对存储记录重新进行内部连接,从而改变访问数据的入口点。用辅助索引可以缩短访问时间,但增加了存储空间和索引维护的开销。设计人员应根据具体情况做出权衡。

4. 数据存放位置的设计

为了提高系统性能,应该根据应用情况将数据的易变部分、稳定部分、经常存取部分和存取频率较低部分分开存放。

例如,目前许多计算机都有多个磁盘,因此可以将表和索引分别存放在不同的磁盘上。在查询时,由于两个磁盘驱动器并行工作,因此可以提高物理读写的速度。在多用户环境下,可能将日志文件和数据库对象(表、索引等)放在不同的磁盘上,以加快存取速度。另外,数据库的数据备份、日志文件备份等只在数据库发生故障进行恢复时才使用,而且数据量很大,可以存放在磁带上,以改进整个系统的性能。

5. 系统配置的设计

DBMS 产品一般提供了一些系统配置变量、存储分配参数,供设计人员和数据库管理员对数据库进行物理优化。系统为这些变量设置了初始值,但是这些值不一定适合每一种应用环境,在物理设计阶段要根据实际情况重新对这些变量赋值,以满足新的要求。

系统配置变量和存储分配参数有很多,如同时使用数据库的用户数、同时打开的数据库对象数、内存分配参数、缓冲区分配参数(使用的缓冲区长度、个数)、存储分配参数、数据库的大小、时间片的大小、锁的数目等,这些参数值会影响存取时间和存储空间的分配,在进行物理结构设计时要根据应用环境确定这些参数值,以使系统的性能达到最优。

6. 评价物理结构

和前面几个设计阶段一样,在确定了数据库的物理结构之后,要进行评价,评价重点是时间效率和空间效率。如果评价结果满足设计要求,则可进入数据库实施阶段。实际上,往往需要经过反复测试才能优化数据库物理结构。

8.2.6 数据库的编码、测试阶段

数据库的编码和测试阶段,即数据库的实施阶段,可根据物理结构设计的结果

把原始数据装入数据库,建立一个具体的数据库并编写和调试相应的应用程序。装入数据又称为数据库加载(Loading),是数据库实施阶段的主要工作。为了保证装入数据库中数据的正确无误,必须高度重视数据的校验工作。

DBMS 提供的数据定义语言可以定义数据库结构。

应用程序的开发目标是开发一个可依赖的有效的数据库存取程序,以此来满足用户的处理要求。

8.2.7 数据库的运行、维护阶段

这一阶段主要是收集和记录实际系统运行的数据,数据库运行的记录可以提供用户要求的有效信息,用来评价数据库系统的性能,并进一步调整和修改数据库。在运行中,必须保持数据库的完整性,且能有效地处理数据库故障和进行数据库恢复。在运行和维护阶段,可能要对数据库结构进行修改或扩充。

数据库运行和维护阶段的主要任务包括以下 3 项内容:

(1)维护数据库的安全性与完整性:监管权限、调整转储计划。

(2)监测并改善数据库性能:按照性能监控调整功能,最小化影响现有业务。

(3)重新组织和构造数据库:存储位置、回收垃圾、减少指针等。主要包括重设存储位置、回收资源、减少索引指针。

可以看出,以上 8 个阶段主要从数据库应用系统设计和开发的全过程来考察数据库设计的问题。因此,它既是数据库也是应用系统的设计过程。在设计过程中,努力使数据库设计和系统其他部分的设计紧密结合,把数据和处理的需求收集、分析、抽象、设计和实现在各个阶段同时进行、相互参照、相互补充,以完善两方面的设计。

8.3 "学生管理系统"数据库设计实例

"学生管理系统"数据库设计的具体步骤如下。

8.3.1 需求分析

首先进行用户需求分析,明确建立数据库的目的。

某校由于扩招,学生数量翻了两番,而与学生的学籍成绩管理有关的教务员没有增加,到了毕业班学生毕业要拿成绩单时,要靠教务员人工查学籍表,为每个毕业学生抄填成绩单,其工作量非常大,即使教务员加班加点,也不能及时为全体毕业学生提供成绩单。为了改变这种困境,提高学生的学籍成绩管理水平,学校同意

出资,建立数据库应用系统——"学生管理系统",实现学生管理方面的计算机信息化。

由于该校学生人数众多,而且每个学生在校期限内要修的课程约有 40 门,与学生有关的需要储存在计算机内的数据量大,因此需要建立"学生管理系统"数据库。例如,学生管理系统的功能之一就是能打印学生成绩单,那么,学生成绩单中需要的各项数据,如学号、姓名、学系名称、专业名称、学制年限、每门课程的名称及成绩等,都必须能够从"学生管理系统"数据库中得到。

8.3.2 概念设计

1. 局部 E-R 模型设计

首先要确定实体及其属性。

属性必须是不可分的数据项,不能再由另一些属性组成。属性不能与其他实体具有联系,联系只能发生在实体之间。

例如,学生是一个实体,学号、姓名、性别、年龄和系别等是学生实体的属性。这时,系别只表示学生属于哪个系,不涉及系的具体情况,没有需要进一步描述的特性,即是不可分的数据项,则可以作为学生实体的属性。但如果考虑一个系的系主任、学生人数、教师人数、办公地点等,则系别应作为一个实体。系别作为一个属性或实体反映在 E-R 图中,如图 8-11 所示。

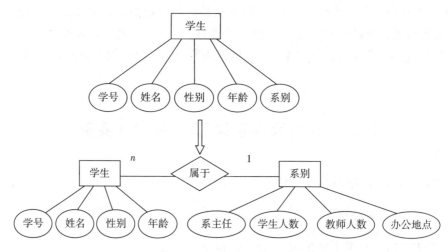

图 8-11 系别作为一个属性或实体

按照需求分析的结果,确定"学生管理系统"数据库的表和表的字段及主键。

要确定"学生管理系统"数据库的表和表中所包含的字段,实际上是要根据需求分析结果,进行"学生管理系统"数据库的概念设计和逻辑设计。

　　根据需求分析,"学生管理系统"中的实体应该包括学系、专业、班级、学生、课程和修课成绩。

　　各个实体及其属性用 E-R 图描述如下。

　　(1)学系实体及其属性的 E-R 图如图 8-12 所示。

　　(2)专业实体及其属性的 E-R 图如图 8-13 所示。

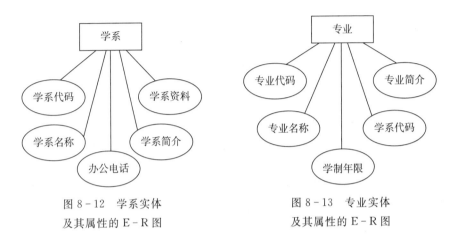

图 8-12　学系实体
及其属性的 E-R 图

图 8-13　专业实体
及其属性的 E-R 图

　　(3)班级实体及其属性的 E-R 图如图 8-14 所示。

　　(4)学生实体及其属性的 E-R 图如图 8-15 所示。

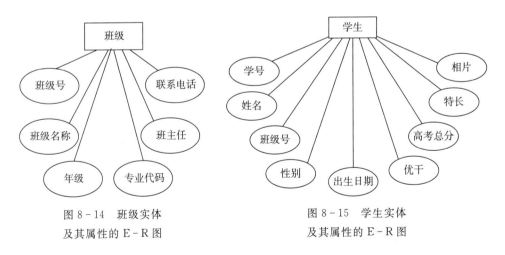

图 8-14　班级实体
及其属性的 E-R 图

图 8-15　学生实体
及其属性的 E-R 图

　　(5)课程实体及其属性的 E-R 图如图 8-16 所示。

　　(6)修课成绩实体及其属性的 E-R 图如图 8-17 所示。

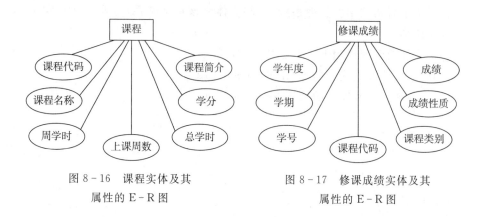

图 8-16　课程实体及其
属性的 E-R 图

图 8-17　修课成绩实体及其
属性的 E-R 图

2. 全局 E-R 模型设计

在局部 E-R 模型设计的基础上,进行局部 E-R 模型的合并,生成全局 E-R
模型。

在生成全局 E-R 模型的过程中,消除不必要的冗余,生成全局 E-R 图。所
谓冗余,在这里指冗余的数据和实体之间冗余的联系。冗余的数据是指可由基本
的数据导出的数据,冗余的联系是由其他联系导出的联系。

"学生管理系统"的实体之间联系的 E-R 图如图 8-18 所示。

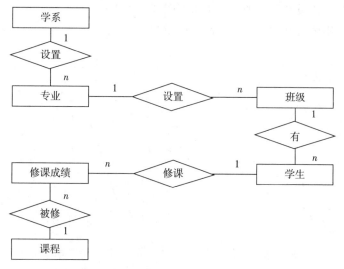

图 8-18　"学生管理系统"的实体之间联系的 E-R 图

8.3.3　逻辑设计

对"学生管理系统"的数据库进行逻辑设计,实质就是将"学生管理系统"的实

体和联系的 E-R 图转换成关系模式。

对于关系型数据库来说,关系就是二维表,关系模式也可称为表模式。

表模式的格式如下:

表名(字段名 1,字段名 2,字段名 3,…,字段名 n)

1. E-R 图转换成表模式

把"学生管理系统"有关的 E-R 图转换成表模式(关系模式)的结果如下:

(1)学系

表模式:学系(学系代码,学系名称,办公电话,学系简介,学系资料)。

在"学系"表中,主键是"学系代码"。

(2)专业

表模式:专业(专业代码,专业名称,学制年限,学系代码,专业简介)。

在"专业"表中,主键是"专业代码"。

(3)班级

表模式:班级(班级号,班级名称,年级,专业代码,班主任,联系电话)。

在"班级"表中,主键是"班级号"。

(4)学生

表模式:学生(学号,姓名,班级号,性别,出生日期,优干,高考总分,特长,相片)。

在"学生"表中,主键是"学号"。

(5)课程

表模式:课程(课程代码,课程名称,周学时,上课周数,总学时,学分,课程简介)。

在"课程"表中,主键是"课程代码"。

(6)修课成绩

表模式:修课成绩(学年度,学期,学号,课程代码,课程类别,成绩性质,成绩)。

在"修课成绩"表中,主键是"学年度""学期""学号""课程代码"。

2. 确定表之间的关系

根据图 8-18 以及上述确定的表模式可以确定"学生管理系统"数据库中的表之间的联系。

(1)"学系"表与"专业"表的联系类型是一对多(1∶n)。

在"学系"表中,包含学系代码、学系名称、办公电话、学系简介和学系资料字段。

在"专业"表中,包含专业代码、专业名称、学制年限、学系代码和专业简介字段。

在"学系"表中,主键是"学系代码"。在"专业"表中,主键是"专业代码",虽然在"专业"表中也包含"学系代码"字段,但其不是"专业"表的主键。"学系"表与"专业"表之间通过"学系代码"进行关联,故"学系"表与"专业"表的联系类型是一对多($1:n$),即一个学系可设置多个专业。

(2)"专业"表与"班级"表的联系类型是一对多($1:n$)。

"专业"表与"班级"表之间通过"专业代码"进行关联,一个专业可设置多个班级。

(3)"班级"表与"学生"表的联系类型是一对多($1:n$)。

"班级"表与"学生"表之间通过"班级号"进行关联,一个班级可以有多个学生。

(4)"学生"表与"修课成绩"表的联系类型是一对多($1:n$)。

"学生"表与"修课成绩"表之间通过"学号"进行关联,一个学生可以有多门课程的修课成绩。

(5)"课程"表与"修课成绩"表的联系类型是一对多($1:n$)。

"课程"表与"修课成绩"表之间通过"课程代码"进行关联,一门课程可以有多个(学生的)修课成绩。

8.3.4 优化设计

运用规范化理论对关系模式(表模式)设计进行优化检查,对设计精益求精,消除不必要的重复字段,减少冗余。由于对表进行设计时遵循概念单一化的原则,因此从目前情况来看,上述6个表的设计还是比较好的。

本章小结

本章介绍了数据库设计的8个阶段,包括需求分析阶段、概念设计阶段、逻辑设计阶段、物理设计阶段、编码阶段、测试阶段、运行阶段和维护阶段。对于每阶段都详细讨论了其相应的任务、方法和步骤。

需求分析是整个设计过程的基础,如果做得不好,可能会导致整个数据库设计返工重做。将需求分析所得到的用户需求抽象为信息结构即概念模型的过程就是概念设计,概念设计是整个数据库设计的关键所在,该过程包括设计局部E-R图、综合成初步E-R图和E-R图的优化。

将独立于DBMS的概念模型转换为相应的数据模型,这是逻辑结构设计所要完成的任务。一般的逻辑设计分为3步:初始关系模式设计、关系模式规范化、模式的评价与改进。

物理结构设计就是为给定的逻辑模型选取一个适合应用环境的物理结构,物理结构设计包括确定物理结构和评价物理结构两步。

根据逻辑设计和物理设计的结果,在计算机上建立起实际的数据库结构,装入数据进行应用程序的设计,并试运行整个数据库系统,这是数据库实施阶段的任务。

数据库设计的最后阶段是数据库的运行与维护,包括维护数据库的安全性与完整性,检测并改善数据库性能,必要时需要进行数据库的重新组织和构造。

习　题

一、选择题

1.（　　）表达了数据和处理过程的关系。

A. 数据字典　　　　　　　　　　B. 数据流图

C. 逻辑设计　　　　　　　　　　D. 概念设计

2. E-R 图的基本成分不包含（　　）。

A. 实体　　　　　　　　　　　　B. 属性

C. 元组　　　　　　　　　　　　D. 联系

3. 规范化理论是数据库（　　）阶段的指南和工具。

A. 需求分析　　　　　　　　　　B. 概念设计

C. 逻辑设计　　　　　　　　　　D. 物理设计

4. 下列因素中,（　　）不是决定存储结构的主要因素。

A. 实施难度　　　　　　　　　　B. 存取时间

C. 存储空间　　　　　　　　　　D. 维护代价

5. 建立实际数据库结构是（　　）阶段的任务。

A. 逻辑设计　　　　　　　　　　B. 物理设计

C. 数据库实施　　　　　　　　　D. 运行和维护

6. 当局部 E-R 图合并成全局 E-R 图时可能出现冲突,不属于合并冲突的是（　　）。

A. 属性冲突　　　　　　　　　　B. 语法冲突

C. 结构冲突　　　　　　　　　　D. 命名冲突

7. 从 E-R 模型向关系模型转换时,一个 $m:n$ 联系转换为关系模式时,该关系模式的码是（　　）。

A. m 端实体的主码

B. n 端实体的主码

C. m 端实体主码与 n 端实体主码组合

D. 重新选取其他属性

8. 数据库设计人员和用户之间沟通信息的桥梁是（　　）。

A. 程序流程图　　　　　　　　　B. 实体联系图

C. 模块结构图　　　　　　　　　D. 数据结构图

9. 概念设计的主要目标是产生数据库的概念结构,该结构主要反映(　　)。

A. 应用程序员的编程需求　　　　　　B. 数据库管理员的管理信息需求

C. 数据库系统的维护需求　　　　　　D. 企业组织的信息需求

10. 设计子模式属于数据库设计的(　　)。

A. 需求分析　　　　　　　　　　　　B. 概念设计

C. 逻辑设计　　　　　　　　　　　　D. 物理设计

11. 需求分析阶段设计数据流图通常采用(　　)。

A. 面向对象的方法　　　　　　　　　B. 回溯的方法

C. 自底向上的方法　　　　　　　　　D. 自顶向下的方法

12. 在数据库设计中,用 E-R 图描述信息结构但不涉及信息在计算机中的表示,这是数据库设计的(　　)阶段。

A. 需求分析　　　　　　　　　　　　B. 概念设计

C. 逻辑设计　　　　　　　　　　　　D. 物理设计

13. 数据库物理设计完成后,进入数据库实施阶段,下列各项中不属于实施阶段的工作是(　　)。

A. 建立库结构　　　　　　　　　　　B. 扩充功能

C. 加载数据　　　　　　　　　　　　D. 系统调试

14. 在数据库的概念设计中,最常用的数据模型是(　　)。

A. 形象模型　　　　　　　　　　　　B. 物理模型

C. 逻辑模型　　　　　　　　　　　　D. E-R 模型

15. 下列活动不属于需求分析阶段工作的是(　　)。

A. 分析用户活动　　　　　　　　　　B. 建立 E-R 图

C. 建立数据字典　　　　　　　　　　D. 建立数据流图

16. 将一个一对多关系转换为一个独立模式时,应取(　　)为主码。

A. 一个实体型的主码　　　　　　　　B. 多端实体型的主码

C. 两个实体型的主码属性组合　　　　D. 联系型的全部属性

17. 在 E-R 模型中如果有 3 个不同的实体集、3 个 $m:n$ 联系,根据 E-R 模型转换为关系模型的规则,可转换成(　　)个关系模式。

A. 4　　　　　　　　B. 5　　　　　　　　C. 6　　　　　　　　D. 7

二、填空题

1. 数据库设计包括_____和_____两方面的内容。

2. _____是目前公认的比较完整和权威的一种规范设计法。

3. 数据库设计中,前 4 个阶段可统称为_____,后 4 个阶段统称为_____。

4. _____是数据库设计的起点,为以后的具体设计做准备。

5. _____就是将需求分析得到的用户需求抽象为信息结构,即概念模型。

6. _____地进行需求分析,再_____地设计概念结构。

7. 合并局部 E-R 图时可能会发生 3 种冲突,分别是_____、_____和_____。

8. 将 E-R 图向关系模型进行转换是_____阶段的任务。

9. 数据库的物理结构设计主要包括_____和_____。

10. _____是数据库实施阶段的主要工作。

11. 重新组织和构造数据库是_____阶段的任务。

12. "为哪些表,在哪些字段上,建立什么样的索引"这一设计内容应该属于数据库设计中的_____设计阶段。

13. 在数据库设计中,把数据需求写成文档,它是各类数据描述的集合,包括数据项、数据结构、数据流、数据存储和数据加工过程的描述,通常称为_____。

14. 数据流图是用于描述结构化方法中_____阶段的工具。

15. 在数据库实施阶段包括两项重要的工作,一项是数据的_____,另一项是应用程序的编码和调试。

三、设计题

1. 一个图书管理系统中有如下信息。

图书:书号、书名、数量、位置。

借书人:借书证号、姓名、单位。

出版社:出版社名、邮编、地址、电话、E-mail。

其中约定:任何人可以借多种书,任何一种书可以被多个人借,借书和还书时要登记相应的借书日期和还书日期;一个出版社可以出版多种书籍,同一本书仅为一个出版社所出版,出版社名具有唯一性。

根据以上情况,完成如下设计。

(1)设计该系统的 E-R 图。

(2)将 E-R 图转换为关系模式。

(3)指出转换后的每个关系模式的主码。

2. 图 8-19 给出了某企业管理系统 3 个不同的局部 E-R 图,将其合成一个全局 E-R 图,并设置各个实体及联系的属性(允许增加必要的属性,也可将实体的属性改为联系的属性)。

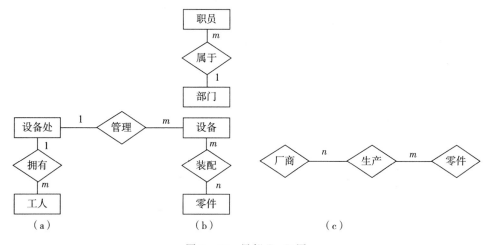

图 8-19　局部 E-R 图

各实体的属性如下。

部门:部门号、部门名、电话、地址。

职员:职员号、职员名、职务、年龄、性别。

设备处:单位号、电话、地址。

工人:工人编号、姓名、年龄、性别。

设备:设备号、名称、规格、价格。

零件:零件号、名称、规格、价格。

厂商:单位号、名称、电话、地址。

3. 经过需求分析可知,某医院病房计算机管理系统中需要管理以下信息。

科室:科室名、科室地址、科室电话、医生姓名。

病房:病房号、床位号、所属科室。

医生:工作证号、姓名、性别、出生日期、联系电话、职称、所属科室名。

病人:病历号、姓名、性别、出生日期、诊断记录、主管医生、病房号。

其中,一个科室有多个病房、多名医生,一个病房只属于一个科室,一个医生只属于一个科室,但可负责多个病人的诊治,一个病人的主管医生只有一个。

根据以上需求分析的情况,完成以下有关设计。

(1)绘制该计算机管理系统中有关信息的 E－R 图。

(2)将该 E－R 图转换为对应的关系模式。

(3)指出转换以后的各关系模式的范式等级和对应的候选码。

4. 排课是教学环节中的重要过程,该过程包括以下实体。

课程实体:course(cid,cname,chour,ctype)。

其中,cid 唯一标识每一个课程,cname 为课程名,chour 为课程学时,ctype 为课程类别(0 表示选修课,1 表示必修课)。

教室实体:classroom(crid,crname,crbuilding)。

其中,crid 用于标识每一个教室,crbuilding 为教室的楼宇,crname 为教室的名称。

教师实体:teacher(tid,tname)。

其中,tid 唯一标识每一名教师,tname 为教师姓名。

各实体的关系如下:每一个教师可以教授多门课程,一门课程可以被多个教师教授,一个教室可以承载多门课程,一个课程可以被安排在多个教室中。当课程安排在指定教室时,需要指明安排的日期(cdata)及当天的第几节课程(carrange)。

根据上述需求,回答以下问题。

(1)设计该系统的 E－R 图。

(2)将 E－R 图转换成关系模式,并指出主码。

(3)根据关系模式,使用 SQL 创建课程实体,要求 SQL 语句中包含主码约束和非空约束,各属性的类型及长度自选。

5. 图书管理系统是一类常见的信息管理系统。分析图书管理系统后,初步获得的实体信息如下。

图书:book(bookid,bookname,num)。

其中,bookid 用于标识每一本图书,bookname 为图书名称,num 为图书数量。

借阅用户:bookuser(tid,username,age)。

其中,tid 用于标识每一个借书用户,username 为借书用户姓名,age 为借书用户年龄。

图书实体与借阅用户实体间的关系如下:借阅用户可以借阅多本图书,同时一本图书可以被多个借阅用户借阅。借阅过程产生借书日期(borrow_time)和还书日期(return_time)等属性。

根据上述需求,回答以下问题。

(1)设计该系统的 E－R 图。

(2)将 E－R 图转换成关系模式,并指出主码。

(3)根据关系模式,使用 SQL 创建借书用户实体,要求 SQL 语句中包含主码约束和非空约束。

四、简答题

1. 数据库设计分为哪几个阶段? 每个阶段的主要工作是什么?

2. 在数据库设计中,需求分析阶段的任务是什么? 主要包括哪些内容?

3. 数据输入在实施阶段的重要性是什么? 如何保证输入数据的正确性?

4. 什么是数据库的概念结构? 试述概念结构设计的步骤。

5. 用 E－R 图表示概念模式有什么好处?

6. 试述实体、属性划分的原则,并举例说明。

7. 局部 E－R 图的集成主要解决什么问题?

8. 试述逻辑设计的步骤及把 E－R 图转换为关系模式的转换原则,并举例说明。

9. 试述数据库实施阶段的工作要点。

10. 规范化理论对数据库设计有什么指导意义?

实　验

电子商务系统是目前使用最为广泛的一类数据库系统,它的数据库设计难度与一般规模的数据库系统相当。应用本章所学的数据库设计内容进行一个简单的电子商务原型系统的概要设计、逻辑设计和物理设计,对以后开发同等规模或更加复杂的数据库系统具有积极意义。

围绕电子商务的案例,本章的实验由 3 个部分构成,分别是数据库系统的概要设计、数据库系统的逻辑设计和数据库系统的物理设计。

实验 1　数据库系统的概要设计

一、实验目的

1. 能够根据实际业务需求抽象出实体、实体的属性和实体的联系。

2. 能够抽象业务所涉及的 E－R 图。

3. 能够优化 E－R 图并形成用于数据库系统逻辑设计的全局 E－R 图。

二、实验内容

某公司因业务扩展需要开发一套电子商务系统,用于在线销售各类商品。作为数据库设计人员,通过走访与跟班作业的方式,从商品销售部和商品管理部获得了如下业务信息。

1. 商品管理部的业务信息

商品管理部负责管理销售各类商品。目前公司所有可供销售的商品都记录在 Excel 表格中。

Excel 表格中每条记录的主要内容包括商品名称、商品类别、商品价格、生产厂家、上一次购入时间、商品的详细信息、商品的缩略图。其中,商品类别包括图书、手机、数码影像和计算机等。商品的缩略图为 jpg 或 png 类型的图片。生产厂家根据商品类型表达的含义略有差异。如果是图书类型的商品,则生产厂家表示出版社;如果是其他类型的商品,则生产厂家即为实际生产机构。

2. 商品销售部的业务信息

商品销售部负责销售各类商品并对每次销售的结果进行记录。目前公司所有销售结果都记录 Excel 表格中。

Excel 表格中的每条记录由 3 部分内容构成,分别是订单的基本信息、订单的购买人信息和订单中购买的商品信息。

订单的基本信息包括订单编号、订单的提交时间和订单的当前状态。其中,订单编号为 17 位数字,前 8 位为当前日期,后 9 位为按订单提交顺序生成的编码,该编码能够唯一标识每一条销售记录;订单提交时间精确到秒;订单的当前状态包括已提交、已发货、已完成等。

订单的购买人信息包括购买人的姓名、购买人的性别、购买人的联系方式、购买人的电子邮箱。其中,购买人的联系方式统一存储了购买者的送货位置、邮政编码和手机号码。

订单中购买的商品信息包括商品的名称、商品的类别、商品的缩略图、商品的购买数量、商品的单价(元)。上述信息需要与商品管理部所记录的商品信息对应。

完成如下实验。

1. 根据商品管理部提供的业务信息,抽象电子商务系统中该部门的局部 E - R 图。要求绘制 E - R 图中实体、属性和实体的联系,并使用中文标注实体、属性和实体联系。

2. 根据商品销售部提供的业务信息,抽象电子商务系统中该部门的局部 E - R 图。要求绘制 E - R 图中实体、属性和实体的联系,并使用中文标注实体、属性和实体联系。

3. 审查已经绘制的 E - R 图,分析是否可以进行 E - R 图的优化工作,重点关注绘制的 E - R 图是否存在数据冗余、插入异常、删除异常和更新异常。

4. 将两个局部 E - R 图整合成描述该公司电子商务系统的全局 E - R 图,重点关注合并过程中的各类冲突。

实验 2　数据库系统的逻辑设计

一、实验目的

1. 能够将 E - R 图转换为对应的关系模式。

2. 能够对关系模式进行规范化的分析和验证。

3. 能够在业务需求发生变化时正确调整关系模式。

二、实验内容

根据概要设计所得的全局 E - R 图,完成如下实验。

1. 根据已经绘制的全局 E - R 图,通过 E - R 图到关系模式的转换方法,将全局 E - R 图转换为关系模式,并注明每个模式的主键和外键。

2. 对转换后的关系模式进行优化。

3. 使用数据规范化分析方法,分析转换后的模式属于第几范式。

4. 在与客户进行数据库的确认工作时,商品管理部门发现现有设计中遗漏了商品的库存信息,需要在现有商品中添加库存信息。修改现有 E-R 图,并调整转换后的关系模式。

实验 3　数据库系统的物理设计

一、实验目的

1. 能够将关系模式图转换为相关数据库管理系统的数据定义语言语句。

2. 能够向建立好的数据库中添加测试数据。

3. 能够根据业务需求建立相关的视图。

二、实验内容

根据数据库系统逻辑设计所得的关系模式,完成如下实验。

1. 以 SQL Server 为系统将要部署的数据库管理系统,把逻辑设计所得的关系模式转换成数据库系统的数据定义语言语句,具体包括数据库创建的数据定义语言、各种实体创建的数据定义语言和多对多联系创建的数据定义语言等。

2. 向已经创建好的数据中添加测试数据,添加记录的数量不限,只需要有代表性即可。

3. 创建视图,显示每个订单的总价。

第9章 SQL Server 2012 综合练习

1. 创建数据库和数据表

（1）利用资源管理器，在 D 盘建立以自己的姓名为名称的文件夹，以便保存数据库。

（2）登录并连接到 SQL Server 2012 服务器。

（3）利用对象资源管理器建立名称为 Study 的数据库文件，主文件名为 Study. mdf，日志文件名为 Study. ldf，它们的保存路径为第①步中建立的文件夹。

（4）利用对象资源管理器在已经建立的 Study 数据库中分别建立以下 6 个数据表。

① 学生基本情况数据表 Student，其结构见表 9 - 1 所列。

表 9 - 1 Student 表的结构

字段名	字段类型	约束控制	字段含义说明
s_no	char(6)	primary key	学号
class_no	char(6)	not null	班级号
s_name	varchar(10)	not null	学生姓名
s_sex	char(2)	'男'或'女'	性别
s_birthday	datetime		出生日期

② 班级数据表 Class，其结构见表 9 - 2 所列。

表 9 - 2 Class 表的结构

字段名	字段类型	约束控制	字段含义说明
class_no	char(6)	primary key	班级号
class_name	char(20)	not null	班级名称
class_special	varchar(20)		所属专业
class_dept	char(20)		系别

③ 课程数据表 Course,其结构见表 9－3 所列。

表 9－3 Course 表的结构

字段名	字段类型	约束控制	字段含义说明
course_no	char(5)	primary key	课程号
course_name	char(20)	not null	课程名称
course_score	numeric(6,2)		学分

④ 选修课程情况数据表 Choice,其结构见表 9－4 所列。

表 9－4 Choice 表的结构

字段名	字段类型	约束控制	字段含义说明
s_no	char(6)		学号
course_no	char(5)		课程号
score	numeric(6,1)		成绩

⑤ 教师数据表 Teacher,其结构见表 9－5 所列。

表 9－5 Teacher 表的结构

字段名	字段类型	约束控制	字段含义说明
t_no	char(6)	primary key	教师号
t_name	varchar(10)	not null	教师姓名
t_sex	char(2)	'男'或'女'	性别
t_birthday	datetime		出生日期
t_title	char(10)		职称

⑥ 教师任课情况表 Teaching,其结构见表 9－6 所列。

表 9－6 Teaching 表的结构

字段名	字段类型	约束控制	字段含义说明
couse_no	char(5)		课程号
t_no	char(6)		教师号

(5)利用企业管理器,在 Study 数据库中向以上建立的 6 个数据表中分别输入以下内容。

① 学生基本情况数据表 Student 的内容见表 9-7 所列。

表 9-7 Student 表的内容

s_no	class_no	s_name	s_sex	s_birthday
991101	js9901	张彬	男	1981-10-1
991102	js9901	王蕾	女	1980-8-8
991103	js9901	李建国	男	1981-4-5
991104	js9901	李平方	男	1981-5-12
991201	js9902	陈东辉	男	1980-2-8
991202	js9902	葛鹏	男	1979-12-23
991203	js9902	藩桃芝	女	1980-2-6
991204	js9902	姚一峰	男	1981-5-7
001101	js0001	宋大方	男	1980-4-9
001102	js0001	许辉	女	1978-8-1
001201	js0002	王一山	男	1980-12-4
001202	js0002	牛莉	女	1981-6-9
002101	xx0001	李丽丽	女	1981-9-19
002102	xx0001	李王	男	1980-9-23

② 班级数据表 Class 的内容见表 9-8 所列。

表 9-8 Class 表的内容

class_no	class_name	class_special	class_dept
js9901	计算机 99-1	计算机	计算机系
js9902	计算机 99-2	计算机	计算机系
js0001	计算机 00-1	计算机	计算机系
js0002	计算机 00-2	计算机	计算机系
xx0001	信息 00-1	信息	信息系
xx0002	信息 00-2	信息	信息系

③ 课程数据表 Course 的内容见表 9-9 所列。

表 9-9　Course 表的内容

course_no	course_name	course_score
01001	计算机基础	3
01002	程序设计语言	5
01003	数据结构	6
02001	数据库原理与应用	6
02002	计算机网络	6
02003	微机原理与应用	8

④ 选修课程情况数据表 Choice 的内容见表 9-10 所列。

表 9-10　Choice 表的内容

s_no	course_no	score
991101	01001	88.0
991102	01001	
991103	01001	91.0
991104	01001	78.0
991201	01001	67.0
991101	01002	90.0
991102	01002	58.0
991103	01002	71.0
991104	01002	85.0

⑤ 教师数据表 Teacher 的内容见表 9-11 所列。

表 9-11　Teacher 表的内容

t_no	t_name	t_sex	t_birthday	t_title
000001	李英	女	1964-11-3	讲师
000002	王大山	男	1955-3-7	副教授
000003	张朋	男	1960-10-5	讲师
000004	陈为军	男	1970-3-2	助教

（续表）

t_no	t_name	t_sex	t_birthday	t_title
000005	宋浩然	男	1966 - 12 - 4	讲师
000006	许红霞	女	1951 - 5 - 8	副教授
000007	徐永军	男	1948 - 4 - 8	教授
000008	李桂菁	女	1940 - 11 - 3	教授
000009	王一凡	女	1962 - 5 - 9	讲师
000010	田峰	男	1972 - 11 - 5	助教

⑥ 教师任课情况表 Teaching 的内容见表 9 - 12 所列。

表 9 - 12　Teaching 表的内容

course_no	t_no
01001	000001
01002	000002
01003	000002
02001	000003
02002	000004
01001	000005
01002	000006
01003	000007
02001	000007
02002	000008

（6）利用对象资源管理器的数据库备份功能，将以上建立的数据库 Study 备份到所建立的文件夹中，并将备份文件复制到 U 盘中，以备下面的题目使用。

2. 简单的数据查询

本题中所用的数据库是第 1 题中建立的 Study 数据库。

（1）查询所有学生的基本信息，包括学号 s_no、班级号 class_no、姓名 s_name、性别 s_sex、出生日期 s_birthday。

（2）查询所有学生，要求显示其学号 s_no、姓名 s_name。

（3）查询所有男学生，要求显示其学号 s_no、姓名 s_name、出生日期 s_birthday。

(4)查询所有出生日期在"1980 - 01 - 01"前的女学生,要求显示其学号 s_no、姓名 s_name、性别 s_sex、出生日期 s_birthday。

(5)查询所有姓"李"的男学生,要求显示其学号 s_no、姓名 s_name、性别 s_sex、出生日期 s_birthday。

(6)查询所有姓名中含有"一"字的学生,要求显示其学号 s_no、姓名 s_name。

(7)查询所有职称不是"讲师"的教师,要求显示其教师号 t_no、姓名 t_name、职称 t_title。

(8)查询虽选修了课程,但未参加考试的所有学生,要求显示出这些学生的学号 s_no。

(9)查询所有考试不及格的学生,要求显示出这些学生的学号 s_no、成绩 score,并按成绩降序排列。

(10)查询出课程号为 01001、02001、02003 的所有课程,要求显示出课程号 course_no、课程名称 course_name(要求用 IN 运算符)。

(11)查询所有在 1970 年出生的教师,要求显示其教师号 t_no、姓名 t_name、出生日期 t_birthday。

(12)查询各个课程号 course_no 及相应的选课人数。

(13)查询教授两门以上课程的教师号 t_no。

(14)查询选修了 01001 课程的学生的平均分数、最低分数及最高分数。

(15)查询 1960 年以后出生的,职称为讲师的教师的姓名 t_name、出生日期 t_birthday,并按出生日期升序排列。

3. 复杂数据查询

本题中所用的数据库是第 1 题中建立的 Study 数据库。

(1)查询所有学生的选课及成绩情况,要求显示学生的学号 s_no、姓名 s_name、课程号 course_no 和课程的成绩 score。

(2)查询所有学生的选课及成绩情况,要求显示学生的姓名 s_name、课程名称 course_ name、课程的成绩 score,并将查询结果存放到一个新的数据表 new_table 中。

(3)查询"计算机 99 - 1"班的学生的选课及成绩情况,要求显示学生的学号 s_no、姓名 s_name、课程号 course_no、课程名称 course_name、课程的成绩 score。

(4)查询所有学生的学分情况(假设课程成绩≥60 分时可获得该门课程的学分),要求显示学生的学号 s_no、姓名 s_name、总学分(将该列定名为 total_score)(使用 JOIN)。

(5)查询所有学生的平均成绩及选课门数,要求显示学生的学号 s_no、姓名 s_name、平均成绩(将该列定名为 average_score)、选课的门数(将该列定名为

choice_num）。

（6）查询所有选修了课程但未参加考试的所有学生及相应的课程，要求显示学生的学号 s_no、姓名 s_name、课程号 course_no、课程名称 course_name。

（7）查询所有选修了课程但考试不及格（假设课程成绩＜60 分为不及格）的所有学生及相应的课程，要求显示学生的学号 s_no、姓名 s_name、课程号 course_no、课程名称 course_name、学分 course_score。

（8）查询选修了课程名为"程序设计语言"的所有学生及成绩情况，要求显示学生的姓名 s_name、课程的成绩 score（使用 ANY）。

（9）查询"计算机系"的所有学生及成绩情况，要求显示学生的学号 s_no、姓名 s_name、班级名称 class_name、课程号 course_no、课程名称 course_name、课程的成绩 score。

（10）查询所有教师的任课情况，要求显示教师姓名 t_name、担任课程的名称 course_name。

（11）查询所有教师的任课门数，要求显示教师姓名 t_name、担任课程的门数（将该列定名为 course_number）。

（12）查询和"李建国"是同一班级的学生的姓名（使用子查询）。

（13）查询没有选修"计算机基础"课程的学生姓名（使用 NOT EXISTS）。

（14）查询主讲"数据库原理与应用"和主讲"数据结构"的教师姓名（使用 UNION）。

（15）查询讲授了所有课程的教师的姓名。

习题参考答案

第 1 章习题参考答案

一、选择题

1. C	2. B	3. D	4. C	5. D
6. B	7. A	8. B	9. D	10. B
11. C	12. D	13. D	14. D	15. B
16. C	17. D	18. A	19. D	20. A
21. D	22. D	23. C	24. A	25. C

二、填空题

1. 数据库系统阶段
2. 关系
3. 物理独立性
4. 操作系统
5. 数据库管理系统
6. 一对多联系
7. 独立性
8. 完整性控制
9. 逻辑独立性
10. 关系数据模型
11. 概念　结构(逻辑)
12. 树　有向图　二维表　嵌套和递归
13. 现实世界　信息世界　计算机世界

三、简答题

1. 随着计算机硬件和软件的发展,数据管理经历了人工管理、文件系统和数据库系统 3 个发展阶段。

人工管理阶段:数据没有专门的存取设备,数据没有专门的管理软件,数据不共享,数据不具有独立性。

文件系统阶段:数据以文件形式长期保存,由文件系统管理数据,程序与数据间有一定的独立性,文件的形式已经多样化,数据具有一定的共享性。

数据库系统阶段:结构化的数据及其联系的集合,数据共享性高冗余度低,数据独立性高,有统一的数据管理和控制功能。

2. 在文件系统阶段,人们关注的是系统功能的设计,因此程序设计处于主导地位,数据服从于程序设计;而在数据库系统阶段,数据占据了中心位置,数据的结构设计成为信息系统首先关心的问题。

3. 数据库是存储在计算机内有组织的、可共享的数据和数据对象(如表、视图、存储过程和触发器等)的集合。

数据库管理系统是统一管理数据的专门软件系统。

数据库系统是指在计算机系统中引入数据库后的系统。

数据库是数据库系统的基础,数据库管理系统是数据库系统的核心软件,用户通过数据库管理系统实现对数据库中数据的存取、维护和管理。

4. 数据库系统主要由数据库、数据库用户、计算机硬件系统和计算机软件系统等几部分组成。数据库系统的层次结构图如下图所示。

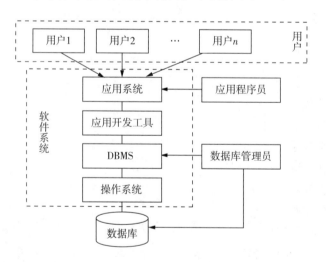

数据库:按一定的数据模型(或结构)组织、描述并长期存储,同时能以安全和可靠的方法进行数据的检索和存储。

数据库用户:可对数据库进行存储、维护和检索等操作。

计算机硬件系统:为数据库系统的存储和运行提供硬件环境。

计算机软件系统:实现对硬件的访问,同时实现对数据库中数据的存取、维护和管理。

5. 一个完整的数据库管理系统通常应由语言编译处理程序、系统运行控制程序及系统建立、维护程序和数据字典等部分组成。

数据库管理系统的主要功能包括数据定义功能、数据操纵功能、数据库运行管理功能、数据库建立和维护功能、数据通信接口及数据组织、存储和管理功能。

6. DBA 即数据库管理员。DBA 是负责设计、建立、管理和维护数据库及协调用户对数据库要求的个人或工作团队。

7. 数据库三级模式结构即把数据库系统内部的体系结构从逻辑上分为外模式、概念模式和内模式三级抽象模式结构和二级映射功能,即 ANSI/SPARC 体系结构。

数据库系统的三级模式与二级映射使数据库系统具有以下优点:

(1)保证数据的独立性。将概念模式和内模式分开,保证了数据的物理独立性;将外模式和概念模式分开,保证了数据的逻辑独立性。

(2)简化了用户接口。按照外模式编写应用程序或输入命令,而不需要了解数据库内部的存储结构,方便用户使用系统。

(3)有利于数据共享。在不同的外模式下可由多个用户共享系统中的数据,减少了数据冗余。

(4)有利于数据的安全保密。在外模式下根据要求进行操作,只能对限定的数据进行操作,保证了其他数据的安全。

8. 数据库的数据独立性是指数据库中的数据与应用程序间相互独立,即数据的逻辑结构、存储结构及存取方式的改变不影响应用程序。数据独立性包括物理独立性和逻辑独立性。其中,数据的物理独立性是指当数据库物理结构(如存储结构、存取方式、外部存储设备等)改变时,通过修改映射,使数据库逻辑结构不受影响,进而用户逻辑结构及应用程序不用改变;数据的逻辑独立性是指当数据库逻辑结构(如修改数据定义、增加新的数据类型、改变数据间的关系等)发生改变时,通过修改映射,用户逻辑结构及应用程序不用改变。

9. 数据字典用来描述数据库中有关信息的数据目录,包括数据库的三级模式、数据类型、用户名和用户权限等有关数据库系统的信息。

数据字典起着系统状态的目录表的作用,帮助用户、数据库管理员和数据库管理系统本身使用和管理数据库。

10. 数据库管理系统对数据的存取通常需要以下几个步骤:

(1)用户使用某种特定的数据操作语言向数据库管理系统发出存取请求。

(2)数据库管理系统接受请求并将该请求解释转换成机器代码指令。

(3)数据库管理系统依次检查外模式、外模式/概念模式映射、概念模式、概念模式/内模式映射及存储结构定义。

(4)数据库管理系统对存储数据库执行必要的存取操作。

(5)从对数据库的存取操作中接受结果。

(6)对得到的结果进行必要的处理,如格式转换等。

(7)将处理的结果返回给用户。

11. 实体:客观存在并且可以相互区别的事物。

属性:实体所具有的某一特性。

码:在实体型中,能唯一标识一个实体的属性或属性集。

实体集:同类型实体的集合。

实体型:用实体名及其属性名集合来抽象和描述同类实体。

实体联系类型:不同的实体集间的联系的类型,可分为一对一联系($1:1$)、一对多联系($1:n$)、多对多联系($m:n$)。

记录:字段的有序集合。

字段:标记实体属性的命名单位,也称为数据项。

记录型:层次数据模型的树形结构中,每个节点表示一个记录型,每个记录型可包含若干个字段。记录型描述的是实体,字段描述实体的属性。

文件:同一类记录的集合。

实体模型:按用户的观点对数据和信息建模,是对现实世界的事物及其联系的第一级抽象。实体模型不依赖于具体的计算机系统,不涉及信息在计算机内如何表示、如何处理等问题,只用来描述某个特定组织所关心的信息结构。

数据模型:数据库的框架,该框架描述了数据及其联系的组织方式、表达方式和存取路径。

12. 数据模型是现实世界中的事物及其联系的一种模拟和抽象表示,是一种形式化描述数据、数据间联系及有关语义约束规则的方法。

3类基本数据模型的划分基于模型的数据结构类型。

层次模型的优点如下:

(1)层次模型结构比较简单,层次分明,便于在计算机内实现。

(2)节点间联系简单,从根节点到树中任一节点均存在一条唯一的层次路径,当要存取某个节点的记录值时,沿着这条路径很快就能找到该记录值。因此,以该种模型建立的数据库系统查询效率很高。

(3)提供了良好的数据完整性支持。

层次模型的缺点如下:

(1)不能直接表示两个以上的实体型间的复杂联系和实体型间的多对多联系,只能通过引入冗余数据或创建虚拟节点的方法来解决,易产生不一致性。

(2)对数据插入和删除的操作限制太多。

(3)要查询子女节点,必须通过双亲节点。

网状模型的优点如下:

(1)能更为直接地描述客观世界,可表示实体间的多种复杂联系。

(2)具有良好的性能和存储效率。

网状模型的缺点如下:

(1)数据结构复杂,并且随着应用环境的扩大,数据库的结构变得越来越复杂,不便于终端用户掌握。

(2)其数据定义语言和数据操纵语言极其复杂,不易使用户掌握。

(3)由于记录间的联系本质上是通过存取路径实现的,因此应用程序在访问数据库时要指定存取路径,即用户需要了解网状模型的实现细节,加重了编写应用程序的负担。

关系模型的优点如下:

(1)关系模型与非关系模型不同,它有严格的数学理论根据。

(2)数据结构简单、清晰,用户易懂、易用,不仅用关系描述实体,还用关系描述实体间的联系。此外,对数据的操纵结果也是关系。

(3)关系模型的存取路径对用户透明,从而具有更高的数据独立性,更好的安全保密性,也简化了程序员的工作和数据库建立及开发的工作。

关系模型的缺点:查询效率不如非关系模型,增加了开发数据库管理系统的负担。

13. 实体型间的联系有如下 3 种类型:

(1)一对一联系(1∶1):实体集 A 中的一个实体至多与实体集 B 中的一个实体相对应,反之,实体集 B 中的一个实体至多与实体集 A 中的一个实体相对应,则称实体集 A 与实体集 B 为一对一联系,记作 1∶1。例如,班级与班长、观众与座位、病人与床位之间的联系。

(2)一对多联系(1∶n):实体集 A 中的一个实体与实体集 B 中的 $n(n{\geqslant}0)$ 个实体相联系,反之,实体集 B 中的一个实体至多与实体集 A 中的一个实体相联系,记作 1∶n。例如,班级与学生、公司与职员、省与市之间的联系。

(3)多对多联系($m∶n$):实体集 A 中的一个实体与实体集 B 中的 $n(n{\geqslant}0)$ 个实体相联系,反之,实体集 B 中的一个实体与实体集 A 中的 $m(m{\geqslant}0)$ 个实体相联系,记作 $m∶n$。例如,教师与学生、学生与课程、工厂与产品之间的联系。

14. 概念模式也称为模式,处于三级模式结构的中间层,是数据库中全体数据的逻辑结构和特征的描述。

内模式又称为存储模式或物理模式,是三级结构中的最内层,是对数据库存储结构的描述,是数据在数据库内部的表示方式。

外模式又称为子模式或用户模式,是三级结构的最外层,是数据库用户能看到并允许使用的那部分数据的逻辑结构和特征的描述,是与某一应用有关的数据的逻辑表示,也是数据库用户的数据视图,即用户视图。

DDL,即数据定义语言,用于定义数据的概念模式、外模式和内模式三级模式结构,定义概念模式/内模式和外模式/概念模式二级映射,定义有关的约束条件。

DML,即数据操纵语言,实现对数据库的基本操作,包括检索、更新(包括插入、修改和删除)等。

15. 传统数据库通常为集中式系统,不在同一地点的数据无法共享;系统过于庞大、复杂,显得不灵活且安全性较差;存储容量有限,不能完全适应信息资源存储要求等。传统数据库对数据的处理无法满足决策需求。传统数据库通常用于处理结构化数据,无法满足非结构化数据的处理需求。

16. 面向对象数据库是面向对象概念与数据库技术相结合的产物,用于描述具有复杂数据结构的数据类型。

17. 分布式数据库是一组结构化的数据集合,它们在逻辑上属于同一系统,而在物理上分布在计算机网络的不同节点上。网络中的各个节点(也称为"场地")一般是集中式数据库系统,由计算机、数据库和若干终端组成。分布式数据库具有如下特点:

(1)自治与共享。分布式数据库有集中式数据库的共享性与集成性,但其更强调自治及可控制的共享。

(2)冗余的控制。分布式数据库允许冗余,这种冗余增加了自治性,不仅改善了系统性能,同时增加了系统的可用性,但也增加了存储代价和副本更新时的一致性代价。

(3)分布事务执行的复杂性。分布式数据库存取的事务是一种全局性事务,它是由许多在不同节点上执行对各局部数据库存取的局部子事务组成的。如果仍保持事务执行的原子性,则必须保证全局事务的原子性。

(4)数据的独立性。使用分布式数据库时,应该像使用集中式数据库时一样,即系统要提供一种完全透明的性能,具体包括逻辑数据透明性、物理数据透明性、数据分布透明性、数据冗余透明性。

18. 数据挖掘的处理过程可分为以下 8 个阶段。

(1)信息收集:根据确定的数据分析对象抽象出在数据分析中所需要的特征信息,并选择合适的信息收集方法,将收集到的信息存入数据库。

(2)数据集成:把不同来源、格式、特点、性质的数据在逻辑上或物理上有机地集中,从而为企业提供全面的数据共享。

(3)数据规约:用来得到数据集的规约表示,它小得多,但仍然接近于保持原数据的完整性,并且规约后执行数据挖掘结果与规约前执行结果相同或几乎相同。

(4)数据清理:在数据库中的数据有一些是不完整的、含噪声的,并且是不一致的,因此需要进行数据清理,将完整、正确、一致的数据信息存入数据仓库中。

(5)数据变换:通过平滑聚集、数据概化、规范化等方式将数据转换成适用于数据挖掘的形式。对于有些实数型数据,通过概念分层和数据的离散化来转换数据也是重要的一步。

(6)数据挖掘过程:根据数据仓库中的数据信息选择合适的分析工具,应用统计方法、事例推理、决策树、规则推理、模糊集,甚至神经网络、遗传算法的方法处理信息,得出有用的分析信息。

(7)模式评估:从商业角度,由行业专家验证数据挖掘结果的正确性。

(8)知识表示:将数据挖掘所得到的分析信息以可视化的方式呈现给用户,或作为新的知识存放在知识库中,供其他应用程序使用。

19. 大数据的"4V"特性即数据量大(Volume)、数据类型繁多(Variety)、数据处理速度快(Velocity)和数据价值密度低(Value)。

数据量大是从数据规模的角度描述大数据的。

数据类型繁多是从数据来源和数据种类的角度描述大数据的。

数据处理速度快是从数据的产生和处理的角度描述大数据的。

数据价值密度低是从大数据潜藏的价值分布情况描述大数据的。

20. 目前大数据涉及的关键技术主要包括数据的采集和迁移、数据的存储和管理、数据的处理和分析、数据安全和隐私保护。

数据采集技术将分布在异构数据源或异构采集设备上的数据通过清洗、转换和集成技术,存储到分布式文件系统中,成为数据分析、挖掘和应用的基础。数据迁移技术将数据从关系型数据库迁移到分布式文件系统或 NoSQL 数据库中。

数据的存储和管理是以各种方法(包括物理和逻辑),将数据存储在硬盘或其他存储媒介上,并用索引条技术实现数据的快速查询。

数据处理和分析技术利用分布式并行编程模型和计算框架,结合模式识别、人工智能、机器学习、数据挖掘等算法,实现对大数据的离线分析和大数据流的在线分析。

数据安全和隐私保护是指在确保大数据被良性利用的同时,通过隐私保护策略和数据安全等手段,构建大数据环境下的数据隐私和安全保护。

第 2 章习题参考答案

一、选择题

1. A   2. C   3. C   4. B   5. B

6. C　　　　7. B　　　　8. D　　　　9. C　　　　10. A

11. B　　　　12. A　　　　13. A　　　　14. D　　　　15. D

16. B　　　　17. C　　　　18. C　　　　19. B　　　　20. B

二、填空题

1. 选择(选取)

2. 交

3. 相容(或是同类关系)

4. 并　差　笛卡儿积　选择　投影

5. 并　差　交　笛卡儿积

6. 选择　投影　连接

7. $\sigma f(R)$

8. 关系代数　关系演算

9. 属性

10. 同质

11. 参照完整性

12. 系编号,系名称,电话、办公地点

13. 元组关系　域关系

14. 主键　外部关系键

15. R 和 S 没有公共的属性

16. 关系

17. 程序

18. 唯一

三、简答题

1. 关系模型中有 3 类完整性约束,即实体完整性、参照完整性和用户定义完整性。其中,实体完整性和参照完整性是关系模型必须满足的完整性约束条件,被称为关系的两个不变性。任何关系数据库系统都应该支持这两类完整性规则。除此之外,不同的关系数据库系统由于应用环境不同,往往还需要一些特殊的约束条件,这就是用户定义完整性,用户定义完整性体现了具体领域中的语义约束。

2. 实体完整性是指主码的值不能为空或部分为空。例如,学生关系中的主码"学号"不能为空,选课关系中的主码"学号＋课程号"不能部分为空,即"学号"和"课程号"两个属性都不能为空。

参照完整性是指如果关系 R_2 的外码 X 与关系 R_1 的主码相符,则 X 的每个值或者等于 R_1 中主码的某一个值,或者取空值。例如,学生关系 S 的"系别"属性与系别关系 D 的主码"系别"相对应,因此学生关系 S 的"系别"属性是该关系 S 的外码,学生关系 S 是参照关系,系别关系 D 是被参照关系,学生关系中某个学生(如 S_1 或 S_2)"系别"的取值必须能在参照的系别关系中主码"系别"的值中找到,如果某个学生(如 S_{11})"系别"取空值,则表示该学生尚未分配到任何一个系;否则,它只能取系别关系中某个元组的系别号值。

3. 关系具有如下性质:

(1)列是同质的,即每一列中的分量必须来自同一个域,必须是同一类型的数据。

(2)不同的属性可来自同一个域,但不同的属性必须有不同的名字。

(3)列的顺序可以任意交换。但交换时,应连同属性名一起,否则将得到不同的关系。

(4)关系中元组的顺序(行序)可任意,在一个关系中可以任意交换两行的次序。因为关系是以元组为元素的集合,而集合中的元素是无序的,所以作为集合元素的元组也是无序的。

(5)关系中不允许出现相同的元组。因为数学上集合中没有相同的元素,而关系是元组的集合,所以作为集合元素的元组应该是唯一的。

(6)关系中每一分量必须是不可分的数据项,或者说所有属性值都是原子的,即是一个确定的值,而不是值的集合。属性值可以为空值,表示"未知"或"不可使用",但不可"表中有表"。

由于非规范化关系会导致数据冗余、插入异常、删除异常、更新异常等问题,因此在构建关系时,应使用规范化关系。

4. 所谓自然连接就是在等值连接的情况下,当连接属性 X 与 Y 具有相同属性组时,把在连接结果中重复的属性列去掉。

等值连接与自然连接的区别如下:

(1)等值连接中不要求相等属性值的属性名相同,而自然连接要求相等属性值的属性名必须相同,即两关系只有同名属性才能进行自然连接。例如,下图 R 中的 C 列和 S 中的 D 列可进行等值连接,但因为属性名不同,不能进行自然连接。

R

A	B	C
a_1	b_1	2
a_1	b_2	4
a_2	b_3	6
a_2	b_4	8

S

B	D
b_1	5
b_2	6
b_3	7
b_3	8

(2)在连接结果中,等值连接不将重复属性去掉,而自然连接去掉重复属性,也可以说,自然连接是去掉重复列的等值连接。例如,上图 R 中的 B 列和 S 中的 B 列进行等值连接时,结果有两个重复的属性列 B;而进行自然连接时,结果只有一

个属性列 B。

5. 笛卡儿积:给定一组域 $D_1, D_2, \cdots, D_n$(它们可以包含相同的元素,既可以完全不同,也可以部分或全部相同),则 $D_1, D_2, \cdots, D_n$ 的笛卡儿积为

$$D_1 \times D_2 \times \cdots \times D_n = \{(d_1, d_2, \cdots, d_n) \mid d_i \in D_i, i = 1, 2, \cdots, n\}$$

关系:笛卡儿积 $D_1 \times D_2 \times \cdots \times D_n$ 的任一子集称为定义在域 $D_1, D_2, \cdots, D_n$ 上的 n 元关系,可用 $R(D_1, D_2, \cdots, D_n)$ 表示。

具有相同关系框架的关系称为同类关系。

关系头:由属性名 $A_1, A_2, \cdots, A_n$ 的集合组成,每个属性 A_i 对应一个域 $D_i(i = 1, 2, \cdots, n)$。关系头(关系框架)是关系的数据结构的描述,它是固定不变的。

关系体:关系结构中的内容或者数据,随元组的插入、删除或修改而变化。

由于不同域(列)的取值可以相同,为了加以区别,必须对每个域(列)起一个名字,称为属性。

关系中的每个元素是关系中的元组。

域:一组具有相同数据类型的值的集合,又称为值域(用 D 表示)。

关系键是一个表中的一个或几个属性,用来标识该表的每一行或与另一个表产生联系。

候选键:能唯一标识关系中元组的一个属性或属性集,也称候选关键字或候选码。

主键:如果一个关系中有多个候选键,可以从中选择一个作为查询、插入或删除元组的操作变量,被选用的候选键则称为主键,或称为主关系码、主键、关系键、关键字等。

如果关系 R_2 的一个或一组属性 X 不是 R_2 的主码,而是另一关系 R_1 的主码,则该属性或属性组 X 称为关系 R_2 的外码或外部键。

关系的描述称为关系模式,它可以形式化地表示为

$$R(U, D, DOM, F)$$

关系数据库的型称为关系数据库模式,是对关系数据库的描述,包括若干域的定义及在这些域上定义的若干关系模式。

在一个给定的应用领域中,所有实体及实体之间联系所对应的关系的集合构成一个关系数据库。

关系数据库的型称为关系数据库模式,是对关系数据库的描述,包括若干域的定义及在这些域上定义的若干关系模式。关系数据库的值也称为关系数据库,是这些关系模式在某一时刻对应的关系的集合。

6. 略。

7. (1) $\prod_{\mathrm{CNO,CN}} (\sigma_{\mathrm{TNO}} = {}'_{T_1}{}' (TC) \bowtie \prod_{\mathrm{CNO,CN}} (C))$。

(2) $\prod_{\text{SNO,SN,Dept}} (\sigma_{\text{Age}>18 \cdot \text{Sex}} = \text{'男'}(S))$。

(3) $\prod_{\text{CNO}} (\prod_{\text{TNO}} (\sigma_{\text{TN}=\text{'李力'}}(T) \bowtie TC) \bowtie C$。

(4) $\prod_{\text{CNO,CN,Score}} (\sigma_{\text{SNO}=\text{'S1'}}(SC) \bowtie \prod_{\text{CNO,CN}}(C))$。

(5) $\prod_{\text{CNO,CN,Score}} (\prod_{\text{SNO,CN}} (\sigma_{\text{SN}=\text{'钱尔'}}(S)) \bowtie \prod_{\text{CNO,CN}}(C))(C) \bowtie SC)$。

(6) $\prod_{\text{SN}} (\prod_{\text{SNO,SN}} (S) \bowtie \prod_{\text{SNO,CNO}}(SC) + \prod_{\text{CNO}} (\sigma_{\text{TN}=\text{'刘伟'}}(T \bowtie TC)))$。

(7) $\prod_{\text{CNO,CN}} (\prod_{\text{CNO}}(C) - \prod_{\text{CNO}} (\sigma_{\text{TN}=\text{'李恩'}}(S) \bowtie SC)) \bowtie C$。

(8) $\prod_{\text{CNO,CN}} (C \bowtie (\prod_{\text{SNO,CNO}}(SC)) \div \prod_{\text{SNO}}(S)))$。

(9) $\prod_{\text{SNO,CNO}} (SC) \div \prod_{\text{CNO}} (\sigma_{\text{CNO}=\text{'}C_1\text{'VCNO'}=\text{'}C_2\text{'}}(C)) \bowtie \prod_{\text{SNO,SN}}(S))$。

(10) $\prod_{\text{SNO,SN}} (S \bowtie (\prod_{\text{SNO,CNO}}(SC)) \div \prod_{\text{CNO}}(C)))$。

第 3 章习题参考答案

一、选择题

1. B	2. A	3. C	4. C	5. B
6. D	7. A	8. C	9. A	10. B

二、填空题

1. 结构化查询语言（Structured Query Language）

2. 数据查询、数据定义、数据操纵、数据控制

3. 查询输出分组

4. (1)INSERT INTO S VALUES('990010','李国栋','男',19)

(2)INSERT INTO S(No,Name)VALUES('990011','王大友')

(3)UPDATE S SET Name='陈平' WHERE No='990009'

(4)DELETE FROM S WHERE No='990008'

(5)DELETE FROM S WHERE Name LIKE '陈％'

第 4 章习题参考答案

一、选择题

1. D	2. C	3. B	4. D	5. B

6. D　　　　7. B　　　　8. A　　　　9. B　　　　10. C

11. C　　　　12. D　　　　13. B　　　　14. C　　　　15. D

16. B　　　　17. D　　　　18. B　　　　19. D　　　　20. A

二、填空题

1. 外模式、模式、内模式

2. 数据库、事务日志

3. NULL/NOT NULL、UNIQUE 约束、PRIMARY KEY 约束、FOREIGN KEY 约束、CHECK 约束

4. 连接字段

5. 系统权限、对象权限

6. 基本表、视图

7. 服务管理器

8. 备份

9. CHAR(8)NOT NULL

10. ALTER TABLE Student ADD SGrade CHAR(10)

三、简答题

1. SQL 支持数据库的三级模式结构。其中,外模式对应于视图和部分基本表,模式对应于基本表,内模式对应于存储文件。

2. SQL 具有简单、易学、综合等鲜明的特点,主要包括以下几个方面:

(1)SQL 是类似于英语的自然语言,语法简单,且只有为数不多的几条命令,简洁易用。

(2)SQL 是一种一体化的语言,包括数据定义、数据查询、数据操纵和数据控制等功能,可以完成数据库活动中的全部工作。

(3)SQL 是一种非过程化的语言。

(4)SQL 是一种面向集合的语言,每个命令的操作对象是一个或多个关系,结果也是一个关系。

(5)SQL 既是自含式语言,又是嵌入式语言。其中,自含式语言可以独立使用交互命令,适用于终端用户、应用程序员和数据库管理员;嵌入式语言使其嵌入在高级语言中使用,供应用程序员开发应用程序。

第 5 章习题参考答案

一、选择题

1. D　　　　2. C　　　　3. C　　　　4. C　　　　5. C

6. D   7. D   8. B   9. B   10. D
11. A   12. A   13. D   14. A   15. B

二、填空题

1. 行数

2. SC. CNo＝C. CNo

三、设计题

1.

（1）SELECT BAuth FROM Book，Pubish WHERE Book. PNo＝Pubish. PNo AND BName='操作系统' AND PName='高等教育出版社'

（2）SELECT PTel FROM Book，Pubish WHERE Book. PNo＝Pubish. PNo AND BType='小说' AND BAuth='张欣'

（3）SELECT BPrice，PName，Btype FROM Book，Pulish WHERE Book. PNo＝Pubish. PNo AND PName='电子工业出版社' AND BType='计算机'

（4）SELECT ＊ FROM Book WHERE BName='高等数学' AND BPrice＜ANY(SELECT BPrice FROM Book，Pubish WHERE Book. PNo＝Pubish. PNo AND PName='人民邮电出版社' AND BName='高等数学') AND PName＜＞'人民邮电出版社'

（5）SELECT BName，BAuth FROM Book WHERE BName LIKE '％计算机％'

（6）ALTER TABLE Book ADD BDate datetime

（7）CREATE INDEX Name ON Book(BAuth)

2.

（1）

```
CREATE TABLE Book
(BNoCHAR(10)PRIMARY KEY,
BNameVARCHAR(50)NOT NULL,
PublishVARCHAR(50),
VersionFLOAT,
PDateDATE,
BAuthVARCHAR(30),
BPirceNUMERIC(4,1),
BInPriceNUMERIC(4,1),
BCountINT);
```

```
CREATE TABLE BookSell
(BSID CHAR(20)PRIMARY KEY,
BNOCHAR(8)CONSTRAINT B_C FOREIGN KEY REFERENCES Book(BID),
SDateDATE,
SCountINT,
PDateDATETIME,
SMoneySMALLMONEY
);
```

（2）

```
SELECT BName,BCount,BPrice * BCount AS TOTALCOUNT FROM Book
```

（3）

```
SELECT SUM(SCount * SMoney),SDate AS TOTALMONEY FROM BookSell
GROUP BY SDate
```

（4）

```
SELECT BNo,BName,SDate,BCount,SCount * SMoney AS TOTALMONEY
FROM BookS,BookSell WHERE Book. BNo = BookSell. BNo
```

（5）

```
SELECT BName,SCount FROM Book,BookSell WHERE BookStore. BNo = BookSell. BNo AND SCount
>100
ANDSDate + 30<(SELECT MAX(SDate)FROM BookSell)
```

3.

（1）

```
CREATE TABLE S
(
S♯CHAR(8)PRIMARY KEY,
SNCHAR(8)NOT NULL,
AGE INT,
DEPT VARCHAR(20)
);
```

（2）

```
CREATE VIEW computer_student(S♯,SN,C♯,T♯)
AS
SELECT S. S♯,SN,SC. C♯,T♯ FROM S,SC,T
```

WHERE S.S# = SC.S# AND SC.C# = T.C# AND DEPT = '计算机'

（3）

SELECT S# FROM S WHERE AGE>20 AND DEPT = '计算机'

（4）

SELECT C.C# ,CN FROM C,T WHERE C.C# = T.C# AND TN LIKE '王%'

（5）

SELECT SN,C# ,GR FROM S,SC WHERE S.S# = SC.S# AND SN = '张三'

（6）

SELECT SN,T.C# ,GR FROM T,SC,S
WHERE T.C# = SC.C# AND S.S# = SC.S# AND(SAL + COMM)>1000

（7）

SELECT S.S# ,SN,AVG(GR)AS AVGSCORE FROM S,SC
WHERE S.S# = SC.S# AND C#<>'C1'
GROUP BY S.S# ,SN HAVING COUNT(*) = 2 ORDER BY AVG(GR)DESC

（8）

SELECT SN,CN FROM S,SC,C
WHERE S.S# = SC.S# AND C.C# = SC.C# AND C#
IN(SELECT C# FROM S,SC
WHERE S.S# = SC.S# AND SN = '张三')AND SN<>'张三'

（9）

INSERT INTO SC(S# ,C#)VALUES('S1','C3')

（10）

DELETE FROM S WHERE S# NOT IN(SELECT DISTINCT S# FROM SC)

第 6 章习题参考答案

一、选择题
1.B　　　2.D　　　3.A　　　4.B　　　5.A
二、填空题
1. 聚集索引、非聚集索引

2. 定义

三、设计题

略

第 7 章习题参考答案

一、选择题

1. B   2. B   3. C   4. A   5. A

6. A

二、填空题

1. 安全性控制、完整性控制、并发性控制、数据库恢复

2. 数据对象、操作类型

3. 授权粒度、授权表中允许的登记项的范围

4. 海量转储、增量转储

5. 静态转储、动态转储

6. 登录账号、用户账号

7. public

8. 服务器、数据库

9. 利用数据的冗余

10. 登记日志文件、数据转储

三、简答题

1. 数据库保护又称数据库控制,是通过 4 个方面实现的,即安全性控制、完整性控制、并发性控制和数据库恢复。

数据库的安全性控制是指保护数据库,以防止非法使用造成数据的泄露、更改或破坏。

数据库的完整性控制是指防止合法用户使用数据库时向数据库中加入不符合语义的数据。

数据库的并发性控制是指对数据共享时数据的并发读取操作进行控制,以保持数据库中数据的一致性,即在任何一个时刻数据库都以相同形式为用户提供数据。

数据库的恢复是指在数据库发生故障时,能够把数据从错误状态恢复到某一正确状态。

2. 数据库的安全性是指保护数据库,以防止非法使用造成的数据泄露、更改或破坏。DBMS 提供的安全性控制功能主要包括用户标识和鉴定、用户存取权限

控制、定义视图、数据加密和审计等几类。

3. 数据库的完整性是指保护数据库中数据的正确性、有效性和相容性,防止错误的数据进入数据库造成无效操作。

完整性规则主要由以下 3 个部分构成。

① 触发条件:规定系统什么时候使用完整性规则来检查数据。

② 约束条件:规定系统检查用户发出的操作请求违背了什么样的完整性约束条件。

③ 违约响应:规定系统如果发现用户发出的操作请求违背了完整性约束条件,应该采取一定的动作来保证数据的完整性,即违约时要做的事情。

第 8 章习题参考答案

一、选择题

1. B	2. C	3. C	4. A	5. C
6. B	7. C	8. B	9. D	10. C
11. D	12. B	13. B	14. D	15. B
16. C	17. C			

二、填空题

1. 数据库的结构设计、数据库的行为设计

2. 新奥尔良法

3. 分析和设计阶段、实现和运行阶段

4. 需求分析

5. 概念设计

6. 自顶向下、自底向上

7. 属性冲突、命名冲突、结构冲突

8. 逻辑设计

9. 确定物理结构、评价物理结构

10. 数据库加载

11. 运行和维护

12. 物理

13. 数据字典

14. 需求分析

15. 载入

三、设计题

1. 系统的 E-R 图如下:

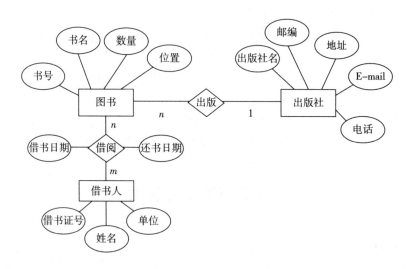

关系模式及主码如下:

图书(书号,书名,数量,位置,出版社名),主码为书号

借书人(借书证号,姓名,单位),主码为供书证号

出版社(出版社名,邮编,地址,电话,E-mail),主码为出版社名

借阅(借书证号,书号,借书日期,还书日期),借书证号+书号

2.

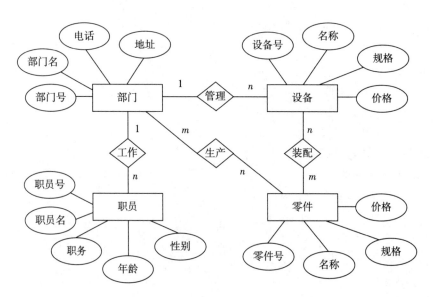

3. 系统的 E-R 图如下:

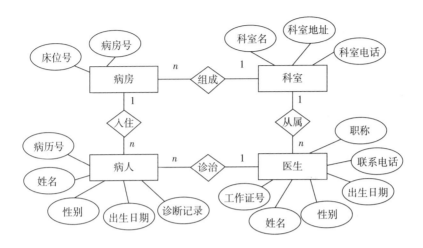

关系模式及其范式等级和对应候选码如下:

科室(科室名,科室地址,科室电话),候选码很多,如(科室名,科室电话)

病房(病房号,床位号,科室名),候选码很多,如(病房号、床位号)

医生(工作证号,姓名,性别,出生日期,联系电话,职称,科室名),候选码很多,如(工作证号,姓名)

病人(病历号,姓名,性别,出生日期,诊断记录,主管医生,病房号),候选码很多,如(病历号、姓名)

该表设计满足第二范式。

4.

(1)

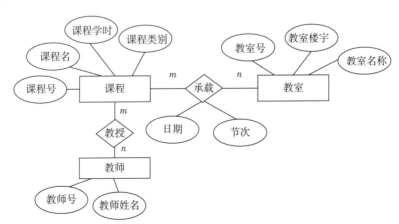

(2)关系模式

course(cid,cname,chour,ctype),主码,cid

classroom(crid,crname,crbuilding),主码,crid

teacher(tid,tname),主码,tid

teach(tid,cid),主码,tid

arrangement(cid,crid,cdate,carrage),主码,cid

(3)创建课程实体

```
CREATE TABLE course
(cidCHAR(8)PRIMARY KEY,
cnameVARCHAR(20)NOT NULL,
chourINT NOT NULL,
ctypeINT NOT NULL
);
```

5.

(1)

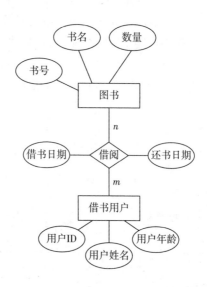

(2)关系模式

book(bookid,bookname,num)

bookuser(tid,username,age)

borrow(bookid,tid,borrow_time,return_time)

(3)创建用户实体

```
CREATE TABLE bookuser
```

```
(tidCHAR(8)PRIMARY KEY,
usernameVARCHAR(20)NOT NULL,
ageINT,
);
```

四、简答题

1. 按规范设计法可将数据库设计分为以下阶段。

（1）系统需求分析阶段。需求分析是整个数据库设计过程的基础，要收集数据库所有用户的信息内容和处理要求，并加以规格化和分析。

（2）概念设计阶段。概念设计是把用户的信息要求统一到一个整体逻辑结构中。

（3）逻辑设计阶段。逻辑设计是将上一步所得到的概念模型转换为某个DBMS所支持的数据模型，并对其进行优化。

（4）物理设计阶段。物理设计是为逻辑数据模型建立一个完整的、能实现的数据库结构，包括存储结构和存取方法。

（5）数据库实施阶段。此阶段可根据物理设计的结果把原始数据装入数据库，建立一个具体的数据库并编写和调试相应的应用程序。

（6）数据库运行与维护阶段。这一阶段主要是收集和记录实际系统运行的数据，数据库运行的记录用来提供用户要求的有效信息，用来评价数据库系统的性能，并进一步调整和修改数据库。

2. 从数据库设计的角度来看，需求分析的任务如下：对现实世界要处理的对象（组织、部门、企业）等进行详细的调查，通过对原系统的了解，收集支持新系统的基础数据并对其进行处理，在此基础上确定新系统的功能。

需求分析阶段的任务如下：①调查分析用户活动；②收集和分析需求数据，确定系统边界；③编写系统分析报告。

3. 由于数据库的数据量一般很大，它们分散于一个企业（或组织）中各个部门的数据文件、报表或多种形式的单据中，存在着大量的重复，并且其格式和结构一般不符合数据库的要求，因此必须把这些数据收集起来加以整理，去掉冗余并转换成数据库所规定的格式，这样处理之后才能装入数据库。

为了保证装入数据库中数据的正确无误，必须高度重视数据的校验工作。在输入子系统的设计中应该考虑多种数据检验技术，在数据转换过程中应使用不同的方法进行多次检验，确认正确后方可入库。

4. 概念结构是信息世界的结构，即概念模型。概念结构具有语义表达能力丰富、易于交流和理解、易于修改和扩充、易于向各种数据模型转换等优点。

概念结构设计的步骤，自底向上的设计方法可分为以下两步：

（1）进行数据抽象，设计局部 E-R 模型，即设计用户视图。

（2）集成各局部 E-R 模型，形成全局 E-R 模型，即视图集成。

5. E-R 图也称实体-联系图（Entity Relationship Diagram），提供了表示实体类型、属性和联系的方法，用来描述现实世界的概念模型。E-R 图可将现实世界中的复杂联系抽象为简明的图形结构，可有效提高数据库概念设计的效率和灵活性。

6. 实体和属性之间在形式上并无可以明显区分的界限，通常是按照现实世界中事物的自然划分来定义实体和属性，将现实世界中的事物进行数据抽象，得到实体和属性。一般有两种数据抽象：分类（Classification）和聚集（Aggregation）。

（1）分类。分类定义某一类概念作为现实世界中一组对象的类型，将一组具有某些共同特性和行为的对象抽象为一个实体。对象和实体之间是"is member of"的关系。例如，在教学管理中，"赵亦"是一名学生，表示"赵亦"是学生中的一员，他具有学生们共同的特性和行为。

（2）聚集。聚集定义某一类型的组成成分，将对象类型的组成成分抽象为实体的属性。组成成分与对象类型之间是"is part of"的关系。例如，学号、姓名、性别、年龄和系别等可以抽象为学生实体的属性，其中学号是标识学生实体的主码。

7.（1）合并局部 E-R 图，消除局部 E-R 图之间的冲突。

（2）通过 E-R 图优化，消除不必要的冗余，生成基本 E-R 图。

8. 一般的逻辑设计分为 3 步：初始关系模式设计、关系模式规范化、模式的评价与改进。

将 E-R 图转换为关系模型实际上就是将实体、属性和联系转换成关系模式。在转换中要遵循以下原则：

（1）一个实体转换为一个关系模式，实体的属性就是关系的属性，实体的码就是关系的主码。

（2）一个联系转换为一个关系模式，与该联系相连的各实体的主码及联系的属性均转换为该关系的属性。该关系的主码有 3 种情况：

① 如果联系为 1∶1，则每个实体的主码都可以是关系的候选码。

② 如果联系为 1∶n，则 n 端实体的主码是关系的主码。

③ 如果联系为 n∶m，则每个实体的主码的组合是关系的主码。

9. 数据库实施主要包括建立实际数据库结构、装入数据、应用程序编码与调试、数据库试运行和整理文档。

10. 规范化理论是数据库逻辑设计的指南和工具，应用规范化理论可对关系的逻辑模式进行初步优化，以减少乃至消除关系模式中存在的各种异常，改善完整性、一致性和存储效率。

在需求分析阶段、概念设计阶段和逻辑设计阶段，数据库规范化理论的应用如下：

(1)在需求分析阶段,用函数依赖的概念分析和表示各个数据项之间的联系。

(2)在概念设计阶段,以规范化理论为指导,确定关系的主码,消除初步 E-R 图中冗余的联系。

(3)在逻辑设计阶段,从 E-R 图向数据模型转换过程中,用模式合并与分解方法达到指定的数据库规范化级别(至少达到 3NF)。

参 考 文 献

[1] 朱怀宏. 数据库应用初级教程[M]. 北京:人民邮电出版社,2013:20－25,36.

[2] 戴芮,吴天宇,李万阳. Oracle 数据库的安全策略研究[J]. 信息通信,2020 (8):187－189.

[3] ULLMAN J D. On Kent's Consequences of Assuming a Universal Relation [J]. ACM Trans. Database Syst. ,1983,8(4):637－643.

[4] 陈显通. 数据库基础与应用——SQL Server 2005[M]. 重庆:重庆大学出版 社,2015:66－70.

[5] 李艳. 计算机数据库技术在信息管理中的应用研究[J]. 信息记录材料,2021, 22(4):116－118.

[6] 马忠贵,宁淑荣,曾广平,等. 数据库原理与应用[M]. 北京:人民邮电出版社, 2013:110－115.

[7] 俞海,顾金媛. 数据库基本原理及应用开发教程[M]. 南京:南京大学出版社, 2017:46－50.

[8] 何友鸣. 数据库原理及应用实践教程[M]. 北京:人民邮电出版社,2014: 82－85.

[9] CHEN P P S. The Entity－Relationship Model:Towards a Unified View of Data[J]. ACM Transactions on Database Systems,1976,1(1):9－36.

[10] 董礼. 基于 ORACLE 数据库的优化设计研究[J]. 黑龙江科学,2021,12 (10):94－95.

[11] 朱辉生. 数据库原理及应用实验教程[M]. 南京:南京大学出版社,2021: 66－68.

[12] 郝文平. 面向回归分析的数据库水印技术研究[D]. 西安:西安电子科技大 学,2022.

[13] 占森方. 基于 ArcGIS 的公路边坡数据库管理系统开发与研制[D]. 武汉:武 汉工程大学,2022.

[14] 邱爽. 高校图书馆外文期刊数据库的综合评估与实证研究[D]. 镇江:江苏 大学,2022.

［15］赵耀．基于负载预测的数据库参数调优方法研究［D］．郑州：郑州大学,2022.

［16］张明阳．面向关系型数据库的知识抽取中间件的设计与实现［D］．哈尔滨：哈尔滨工业大学,2022.

［17］王瑞,于晓霞,叶敏,等．面向渤海生态环境的数据库管理系统设计与实现［J］．中国海洋大学学报,2022,52(8):150－156.

［18］李永昌．云计算环境下数据库冗余信息消解方法设计［J］．信息技术与信息化,2023(2):81－84.

图书在版编目(CIP)数据

数据库原理与技术/张振国主编. —合肥:合肥工业大学出版社,2022.7
ISBN 978 - 7 - 5650 - 5605 - 5

Ⅰ.①数… Ⅱ.①张… Ⅲ.①关系数据库系统 Ⅳ.①TP311.138

中国版本图书馆 CIP 数据核字(2022)第 128661 号

数据库原理与技术
SHUJUKU YUANLI YU JISHU

张振国 主编

责任编辑	张择瑞 汪 钵	
出版发行	合肥工业大学出版社	
地 址	(230009)合肥市屯溪路 193 号	
网 址	press. hfut. edu. cn	
电 话	理工图书出版中心:0551 - 62903204	
	营销与储运管理中心:0551 - 62903198	
开 本	710 毫米×1010 毫米 1/16	
印 张	15.5	
字 数	290 千字	
版 次	2022 年 7 月第 1 版	
印 次	2022 年 7 月第 1 次印刷	
印 刷	安徽昶颉包装印务有限责任公司	
书 号	ISBN 978 - 7 - 5650 - 5605 - 5	
定 价	46.00 元	

如果有影响阅读的印装质量问题,请与出版社营销与储运管理中心联系调换。